U0396597

评论科学二十年

江晓原　刘兵　著

上海科技教育出版社

目录

序 / 1

进展篇 / 1

"全球变暖"与新能源产业的政治经济学 / 3

为中国人的域外植物学著作叫好 / 8

大数据时代:要安全要便利还是要隐私? / 12

全球变暖真无谓,气候原来是赌场? / 19

基因面前,还能我命由我不由天吗? / 26

找不到外星人的75种解释 / 33

工具还是武器:看微软总裁对技术的思考 / 40

科幻篇 / 47

《基里尼亚加》:乌托邦与现代化之战 / 49

丹·布朗走在反科学主义的道路上吗? / 56

为什么我们从来只说"科幻"不说"技幻"？ / 63

莱姆说他写的不是科幻小说 / 70

《造星主》:重温科幻经典的意义 / 77

《病毒》:一个出人意表的故事 / 84

理论篇 / 91

《什么是科学》:向理论深渊踊身一跃 / 93

帝国的植物学和性联系在一起 / 100

看一个开明的科学主义者怎样谈超自然现象 / 107

究竟有多少创新值得期待？ / 114

大师看来又禁不住诱惑了 / 121

医学的温度来自不忘初心 / 128

必须重新思考技术和技术史 / 135

戴蒙德的文明史:地理环境决定论还有生命力吗？ / 142

围观一场"为什么相信科学"的讨论 / 149

温伯格的玩票科学史和科学辉格史 / 156

所谓"大科学",究竟是什么？ / 163

从"哲人石丛书"看科学文化与科普之关系 / 170

视觉理论与"看见"的真实性 / 177

无知是值得研究的 / 184

社会篇 / 191

回顾生平:霍金的第二部《简史》 / 193

科学圣徒和他对于中国的学术意义 / 197

儿童人体医学实验:美国社会的黑暗一页 / 205

原子弹给予人类的祸福 / 213

法律缺位状态下的人工智能狂飙突进 / 220

看美国电影怎样为五角大楼服务 / 227

作为社会活动家的爱因斯坦 / 234

哥白尼《天体运行论》和星占学有关吗? / 241

百年社团:一部红色技术史 / 248

一场悲观的人类学漫谈 / 255

从"左图右史"到"有图有真相" / 262

讲好中国制造的故事 / 269

中文打字机:见证汉字从濒临绝境走向星辰大海 / 276

序

江晓原

我和刘兵教授开设"南腔北调"对谈专栏,迄今已经22年了,从无间断,是我写作的专栏中时间最长的一个——我相信在刘兵教授的专栏中也是如此。这个专栏最初开设在《文汇读书周报》上由我担任特约编辑的"科学文化"版面中,每月一次;从2015年起,转移到《中华读书报》上,版面增加了约一倍,改为逢双月一次。

22年来,我们的"南腔北调"对谈专栏已经多次结集出版,计有:《南腔北调——科学与文化之关系的对话》(北京大学出版社,2007),《温柔地清算科学主义——南腔北调2》(北京大学出版社,2010),《要科学不要主义——南腔北调百期精选》(上海交通大学出版社,2010),《新南腔北调集1·当代科学争议》(上海科学技术文献出版社,2021),《新南腔北调集2·如何反思科学》(上海科学技术文献出版社,2021),《新南腔北调集3·科学的幻想与历史建构》(上海科学技术文献出版社,2021)。

后面这个三卷本的结集，包括了2021年之前19年全部的对谈，是一个完整的结集。现在这个《评论科学二十年》结集，主要收入2021年以后的历次对谈，但也从之前的对谈中选择了少量比较重要的、相对更具思想性和批判色彩的篇章。

以往的结集都是将对谈重新分了单元，不再照顾原先的发表次序，这次我做了一点新的尝试，在每个单元中保留了原先发表的次序，每篇对谈也都标注了原先的见报日期。这主要是考虑到读者如果知道对谈发表的具体日期，理解内容会更方便。

目前我和刘兵教授的"南腔北调"对谈仍在持续进行中，收入本书的最新一篇，就是在我写这篇序的今天见报的。

2024年4月17日

于上海交通大学科学史与科学文化研究院

进展篇

原载2014年9月5日《文汇读书周报》
南腔北调(144)

"全球变暖"与新能源产业的政治经济学

□　江晓原　■　刘　兵

□　许靖华是瑞士籍华人,年轻时曾在美国石油公司工作十年,后作为著名地质学家当选美国国家科学院院士、第三世界科学院院士,退休后从事商业开发。仅仅考虑到作者这种丰富的经历,对《气候创造历史》这本书就值得另眼相看。

谈论气候和历史,当然绕不开"全球变暖"这个话题。"全球变暖"问题当然不是一个"变暖"或"不变暖"的简单问题,它至少包括这样三个问题:

1. 全球到底是不是真在变暖?

2. 全球变暖真是过多碳排放造成的吗?

3. 即使全球确实变暖了,就真会引发灾难吗?

许多人对上述三个问题都持肯定答案,例如美国前副总统戈尔(Al Gore)在同名的书及电视片《难以忽视的真相》(*An Inconvenient*

Truth）中就是如此。而许靖华在本书中的观点是：迄今所发现的全球变暖现象，可以用地球历史上的周期性气候变化来解释；他对于"全球变暖是由工业温室气体排放所造成"和"全球变暖将导致地球灾难"这两个常见的"环保命题"则都持否定态度。

■　许靖华是我非常尊敬并且愿意读其著作的人。前些年，三联曾出过一本他写的涉及进化论的书，当时还曾引起不少争议。这次他关于气候与历史的著作，还是观点非常鲜明，而且肯定又会有不少的争议出现。

现在许多学者在讨论气候变化、温室效应和"全球变暖"等问题时，经常是将它们作为"科学问题"来讨论的。而实际上，在涉及这样超长时段的复杂问题时，现在许多标准的科学验证方法，又是非常有局限性的。因而结合作者的地质学专业，以历史的角度来讨论这个问题，有其特殊意义。

不过，如果这本书是以气候和人类历史的关系为主题的历史著作的话，你从你的专业角度来判断，是否认为它也符合一般的历史研究的规范呢？

□　我倒觉得不必用通常的历史研究规范来要求本书，因为本书处理的并非通常的历史学课题。我们知道由于历史资料在终极意义上的不完备性，所谓的"历史真相"是不可能真正得到的，因此历史学家在建构他们的历史时，必然要依赖史料之外的东西来补充。他们所依赖的东西，包括"知人论世""以今例古"以及某些常识或常情等。而许靖华在本书中所处理的主题，即长时段的气候变迁，文字记载非常缺乏，只能通过地质材料间接推测，其史料的不完备性比起历史学家来固是有过之而无不及；而地球不是人类，它的行为和规律，不可能借助"知人论世""以今例古"之类的常识或常情来帮助推测。所以要讨论地球气候的变迁史，比起通常的历史学课题来，其难度更大，不确定性也更大。

将全球变暖问题视为一个"科学问题"显然是不妥的，也许这个问题可以称之为"与科学有关的问题"——科学只是讨论这一问题时所用到的诸种工具之一，而且现有的科学知识和工具还无法对这一问题提供明确的答案。更不用说"全球变暖"这个学说背后还有更为复杂的商业和集团利益背景。

例如，许靖华给出了这样的线索：核电集团热衷于鼓吹全球变暖，因为按照全球变暖学说，烧煤或烧油的传统火力发电就会成为工业碳排放的大罪人，而核电就可以顺理成章地取代火力发电而得到大发展。而在与西方核电集团打过几次交道后，许靖华写道："我学到了一件事：关系到获利时，核能产业是没有道德观念的。"

■　对于"全球变暖"这样的问题，我自己也有一个认识过程。因为这个命题与环保密切相关，而看到我一向喜欢的作家克莱顿居然写了反对这一命题的小说，还有些不理解。不过，随着对更多的、来自不同立场的信息的接受，我越来越觉得这里面的不确定性很大。而且从科学应用的利益分析等立场来看，许靖华所给出的解释是完全可能的。

像"全球变暖"这样一个对地球上所有人都无比重要的问题，科学竟然无法给出确切的答案，这恰恰有力地提示了科学的有限性、不完备性和不确定性。

但到了许靖华这本书，又出现了新的问题。按我们前面的讨论，一是他并非完全按科学的标准方式来分析"全球变暖"这一问题,二是你也曾提到,许靖华用了一些地质学的材料,而他的"科学背景"恰恰是地质学研究。那么,具体到地质学这门学科,是不是也有一个站在什么立场上来使用的问题呢?

□   当然有这样的问题,尽管可能是隐性的。其实这里有着类似"理论影响观察"的困境:既然全球变暖是一个科学目前无法确定的问题——如果考虑背后的政治经济学,那就更加无法得到确定结论了,那么下面的问题就更为明显:

是先有某种立场(比如否认全球变暖),然后使用地质学证据来支持自己,还是先进行"客观的"地质学考察,然后获得结论呢?

聪明人都知道,至少要在论文和书中显示出先有证据后有立场的样子,本书当然也不例外。比如在顺序上,作者就将自己立场的明确表达安排在最后一章。但实际上,究竟是先有立场后有证据,还是先有证据后有立场,还是在证据积累和立场修改的交互作用过程中得出了结论?那只有作者自己才可能心知肚明——许多缺乏科学哲学素养的作者则经常是自己并未明确意识到这类问题的存在。

■   但是,在我们所见到的面向大众的传播中,"全球变暖"却似乎被包装成了一个在科学上已有定论的命题。其中公众对科学的信任,或许起了很重要作用。因而这也是一个更为典型的、可以让我们反思科学传播的案例。

在实际传播过程中,如果没有一种对科学的更加冷静的审视,而仍然预先将对科学的崇拜和迷信作为基本立场,那么,所谓对科学方法的传播,必然也是不真实的。许多对科学的人文研究,比如科学哲学等,正是透过你说的那种表面上的"显示"而揭示出其背后实际的"方法"。我们在这里所讨论的问题,恰恰说明了这一点。

　　《气候创造历史》,(瑞士)许靖华著,甘锡安译,生活·读书·新知三联书店,2014年5月第1版,定价:36元。

原载 2014 年 11 月 7 日《文汇读书周报》
南腔北调（146）

为中国人的域外植物学著作叫好

□　　江晓原　　■　　刘　兵

　　□　　刘华杰教授喜欢将研究工作区分为"一阶""二阶"等。就以植物学为例，那些植物学史，或者与植物学有关的科学社会学或文化人类学的研究，会被列入"二阶"，而植物学本身的工作，诸如著录品种、搜集标本之类的工作，则被归入"一阶"。按照这种区分方式，《檀岛花事》无疑属于"一阶"的植物学著作了。

　　以往我们看到一些西方学者到中国来，自觉或不自觉地为了他们帝国的扩张而工作。当然他们的这类工作有些对于中国而言确实也有"筚路蓝缕"开创之功，有些工作甚至是奠基性的，这种现象在植物学、地质学、气象学、人类学等学科表现得最为明显。至于从西方学成归来的中国第一代现代植物学、地质学、人类学学者，他们的工作似乎天然地局限于中国本土。

　　正是在这样的历史背景下，刘华杰的《檀岛花事》显现出非常引人注目的特点——这是中国学者在域外进行的"一阶"植物学工作。它很可能是中国人第一次对国土之外的地区进行的植物学工作。

■ 前些年,刘华杰曾有一本文集出版,名为《一点二阶立场》。对那个书名,也曾有不同的争论和解释。我觉得,或许用在这里,这个书名的说法也还合适。因为,作为一本日记体的作品,《檀岛花事》里面固然有大量一阶的观察和记录,但同时也经常会有一些在那些标准的一阶植物学研究中不会写下的内容,包括带有鲜明的人文立场的议论、联想等。而这种将一阶的观察记录,与那些带有人文立场的评论等结合在一起,才是这本书最突出的特色之一。

其次,这本书究竟是不是中国人第一次对国土之外地区进行的植物学工作,这个判断我不敢轻易下。但我很倾向于认为,这应该是像刘华杰这样一位中国哲学教授、科学传播研究者和业余植物爱好者所写、所出版的这种风格的植物考察日记的第一次出现。在加上这些限制性的说法之后,也许在"成就"的赞扬力度上表面有所下降,但在另外一层特色的意义上,其赞扬的力度又是有所提升的。

□ 被你加了那么多的限定之后,《檀岛花事》的"第一"当然不会再有问题。不过更重要的无疑是书中的内容和本书的写法。

刘华杰教授并没有拉开架势来写一部"严肃的学术文本"——估计他从一开始就没打算这样做。《檀岛花事》全书采用了相当亲和的、充满文化色彩的、处处结合人文历史背景的叙述方式,而且作者自己经常现身于他所描绘的场景中。这让我想起卢梭的《植物学通信》——我们两人还在《中国图书评论》的专栏中谈到过。本来,植物学就不是所谓的"精密科学",它的哪怕是臻于极致的"学术文本",也不可能写成《自然哲学之数学原理》那样。所以植物学著作即使采用了非常亲和的文本形式，也仍然有可能具有很高的学术价值。如果我们同意卢梭的《植物学通信》在植物学上也不无价值，那《檀岛花事》的价值无疑要在此之上——尽管作者的知名度不如卢梭。

■　这些说法我都是可以接受的。那么在你的设想中，这套书的读者会是些什么人？前些天，我们在一次小会上曾讨论起相关话题，比如，像你，对自然之物的亲近感，不如对人文之物的亲近感强，那你在读这本亲近自然的人文写作之书时又会是什么感受呢？

联系到你对中国古籍的熟悉，我还想问的是，在过去的历史上，中国古人是否有类似的"笔记"类作品？而那些作品中，是否也会有像华杰这样的类似观察与记载？如果有，那么，那种观察和记载中体现出来的，是否又会是有中国特色的某种"地方性"的植物学甚至博物学传统呢？因为在华杰的日记中的"植物学"，包括在你对他的书在"植物学价值"的评价，其实应该是体现在西方植物学的传统的意义上的。

□　你的判断是准确的，我对于自然之物的亲近感不如对人文之物的亲近感，但这纯属个人好恶。我们在评价一本书时，原是要尽力脱略其影响才对。据我所知，还是会有相当数量的读者对《檀岛花事》有阅读兴趣的，因为前些年国内书业有过类似的例证。这还没有考虑到《檀岛花事》的作者在叙述中经常现身，使得本书兼有个人游记性质，它的人文色彩更能增加读者的阅读兴趣。

中国古代当然也有植物学著作，甚至可以说"在西方植物学传统意义上的"作品也是有的，比如一些属于"本草"或"救荒本草"系列的作品,也绘制了植物的图形,便于读者识别辨认。当然,这些作品主要是着眼于所记载的植物的药用或食用价值,并不具备对植物分类的理念;中国古代也没有产生类似西方的植物分类理论和体系。另外,这些作品的作者自己也不会在叙述中现身——他们不会在作品中记述自己的相关活动。

这样看来,对《檀岛花事》一书的意义和价值,我们主要还是只能在西方理论的框架中进行判断和估计。

■ 当然,仅就在西方理论框架中来评价《檀岛花事》,其意义已经足够重大了。其实,我之所以提及中国古代,确实又是因为我现在会更感兴趣的是,在中国古代是否可能存在类似作品中的不同于西方(而不是类似于西方)的植物(以及非植物的自然物)的分类理论体系,及其哲学基础。但这是另一个话题了。

我认为,无论是在研究性还是普及性的意义上,《檀岛花事》都足以在当下开拓一种新的研究与写作范式。正像前不久在北大举行的一次座谈《檀岛花事》的"凤凰网读书会"上,我对华杰此书和此书的写作经历所说的:"我们都可以在重复的观赏中获得美好享受,不一定都是植物,也不一定都是夏威夷。可以是鸟、虫,可以是印度、中国和任何其他的地方。我觉得重要的不在于是不是夏威夷,重要的不在于是不是花,而是在于这样一种意识和生活——这正是我们倡导的。"

《檀岛花事——夏威夷植物日记》,刘华杰著,中国科学技术出版社,2014年7月第1版,定价:258元(全三册)。

原载 2017 年 12 月 13 日《中华读书报》
南腔北调（165）

大数据时代：要安全要便利还是要隐私？

□　江晓原　　■　刘　兵

□　这几年"大数据"这个字眼早已脍炙人口，成为非常时髦的话头。大部分人谈到这个概念时，通常都充满赞美和憧憬之情。在许多人的思维定式中，既然这已经是"大势所趋"，我们当然就应该尽力适应它，尽情享受它。商家在利用它多赚利润，政府想依靠它提高效率，这些现象在通常的价值判断中当然都被认为是正面的。

虽然有时也有人无可奈何地指出，"大数据"虽然为我们提供了便利，但同时也在严重侵犯我们的隐私。但这种声音一方面很微弱——怎么可能比得过在资本推动下的商业营销所产生的震耳欲聋的喧嚣呢？另一方面，人们经常会有侥幸心理：虽然你说的侵犯个人隐私也许真有其事，但那也许是未来某个时候的事情，但此刻让我先享受了便利再说吧。

隐私这个东西，受到侵犯会有什么后果呢？在许多情况下，侵犯隐私其实没有什么立竿见影的直接后果,只是对受侵犯者的尊严的冒犯。所以如果悄悄地侵犯某个人的隐私,但既没有被此人发现,也没有被其他人知道,那就不会冒犯此人的尊严,也就有可能不产生直接的后果。

今天的"大数据",正是在上述情况下,大面积、大幅度地侵犯着公众的隐私。由于这种侵犯既没有直接损害个体的尊严,也很少被人注意到,所以即使问题已经非常严重,仍然没有引起公众足够的注意。这是我读这本《数据与监控——信息安全的隐形之战》时的第一个比较深切的感受。

■　你的感受我很能理解,也确实如此。在今天,虽然许多人也会谈到"大数据"以及相关的隐私问题,但那通常还只是这个严重问题的一小部分而已,比如说个人信息被盗卖或扩散,从而带来网络诈骗或骚扰等。当然这也已经是非常严重的问题了,不过在《数据与监控——信息安全的隐形之战》一书中谈及的"大数据"与隐私问题,包括了更多在通常情况下并不太为我们所了解的内容,更值得我们密切关注。

其实,说到有关"大数据"与隐私的问题,除了你在前面提到的现在大部分人对"大数据"趋之若鹜的追捧之外,还有另一个值得注意的背景,即对于隐私和隐私保护的注重,在我们这里并没有像西方一些国家那样的传统,这也会在一定程度上影响人们对隐私问题的重视。不过随着技术的发展和对社会生活越来越充分的渗入,因为隐私得不到保护而带来的新问题,也会越来越给人们带来困扰甚至灾难,因而更多地了解大数据给这方面带来的那些以前未曾深思的问题,显然对于每一个人来说都是极为重要的。

媒体上虽然也有一些呼吁注意"大数据"侵犯隐私的声音,但总体上讲,这样的声音还是非常微弱,几乎更为一面倒的,是对发展"大数据"的乐观呼声。此时,《数据与监控——信息安全的隐形之战》一书的价值就更加凸显出来。

□　我特别注意到本书第12章"原则"。作者认为我们在应对"大数据"对隐私的侵犯时应该首先确定一些原则,或者对一些我们习以为常的似是而非的原则先进行澄清,这是完全正确的。比如他讨论的第一个原则:安全与隐私。

许多人未经深思熟虑就接受了这样的原则:为了安全,我们需要牺牲一部分隐私。所以我们只能在安全和隐私之间寻求某种平衡。比如"9·11"之后,美国政府以"反恐"为理由,大规模侵犯公众隐私,甚至远及国外,连别国政要的隐私都被侵犯。作者明确指出,这样的原则是错误的:"我们的目标不应是在安全和隐私之间找到一个可以接受的权衡,因为我们可以而且也应该坚持两者一致。"

如果我们同意作者关于"从根本上看,隐私和安全是一致的"这样的判断,也就是说,对公众隐私的侵犯,实质上就是对公众安全的侵犯,那我们对日常生活中许多现象的判断或感受就会改变。

在我们现实生活中,有这样一个问题:如果说安全并不必然意味着对隐私做出牺牲,那么便利几乎可以说必然意味着对隐私做出牺牲。我们与其准备接受在安全和隐私之间的权衡,不如准备好接受在便利和隐私之间的权衡。为什么呢?因为你在为便利而牺牲隐私时,到目前为止你至少还拥有一定程度的选择权,比如你可以选择不享受某些便利来保护你的隐私;但当你的隐私被美国政府以"反恐"的名义侵犯时,你几乎完全无能为力,你没有任何选择和规避的余地。

■　你提到的这个问题很有意思。你提到的安全与隐私的取舍,实际上是在一个给定的二选一的限定中做出选择的有前提的陷阱。在这种限定下,就只能取此舍彼。而这个前提,却也是可以被质疑的。为什么不能两者都要呢?

在本书第16章中,作者以"权衡"的说法部分地讨论了这个问题。作者指出:"当我们感到害怕时,国会的监督将会更多地屈服于美国国家安全局的权威……不管恐怖主义威胁有多大,最有效的解决方式仍然不是大规模监控,而是传统的警察和情报工作。"更何况,作者甚至认为"当下的恐惧是由当下的新闻煽动的",换句话说,解决反恐问题,并非只能以牺牲隐私作为代价,如果带来恐怖主义的更深层的问题不解决,牺牲隐私也不能从根本上解决问题。

这里还有另一个可争议的问题,即以集体安全的名义要求个人牺牲隐私,这并不是什么新的争议,而是由来已久了。

□　我以前曾说过,以集体安全的名义(比如反恐)要求个人牺牲隐私,往往演变成另一种恐怖主义行为。公众将处于尚未被恐怖分子的恐怖活动袭击于彼,却已经先被政府的恐怖活动(侵犯隐私)侵害于此的荒谬境地。斯诺登之所以要揭露美国政府对公众隐私的大规模侵犯,就是因为这样的原因。实际上我们看到的是这样一幅荒谬场景:一部分美国人被"9·11"恐怖袭击侵害了,随即全体美国人——乃至相当部分的其他国家人士——被大规模侵害隐私的另一种恐怖袭击侵害了。难怪斯诺登的父亲在为儿子辩护时说:"如果我们必须大规模侵害公众隐私才能反恐,那恐怖分子已经赢了。"

本书在这个问题上的讨论是发人深省的。因为自从"9·11"恐怖袭击发生以后，美国政府似乎已经让美国公众在相当程度上接受了这样的观念：安全与隐私仿佛鱼与熊掌不可得兼，只能在两者之间寻求"权衡"。而本书作者主张，人们应该理直气壮地要求同时享有足够的安全和充分的隐私。作者实际上对美国政府提出了更高的要求——政府应该既为我们提供安全，同时也充分保护我们的隐私。换句话说，不能以大规模侵害公众隐私来实现反恐，应该另想两全其美之策。

不过，本书作者全力聚焦于"安全与隐私"之间的矛盾和问题，对于公众尚有若干选择权的"便利与隐私"方面的问题却着墨甚少，这点让我相当不满意。因为对于我们还有选择权的事情，我们不是更需要指导和建议吗？当然，通过本书那些技术层面的讨论，我们仍然可以在评估今天"大数据"对我们隐私的侵害方面得到一些帮助。

■　作者讨论的以反恐的名义由政府来实施对公众隐私的侵害，是一个现实问题。而在这个问题上政府显然是更强势的一方。你关心的"便利与隐私"的冲突问题，其实某种程度上也是在公众与资本的博弈中产生的。当然，就公益的情形来说，也许还和不同发展观念以及在这些不同观念的基础上人们对于生活和幸福的理解不同有关。比如说，那些追求"极简生活"的人们，显然不大会为了物质生活的便利而让渡自己的隐私。

无可否认，不少人会因为某些便利而同意放弃隐私，但这又有两方面的原因。其一，是因为受到商家为追求利润而努力传播的追求物质性便利的舆论影响，在这种意义上，科技发展—大数据—便利，与隐私被侵犯，恰恰又是另一个科技负面效应的典型实例。其二，与对隐私的理解、重视程度，以及对隐私被侵犯而带来的问题和风险的认识程度相关。

一般来说，人们会承认对隐私的重视与文化和传统相关。但究竟为什么隐私重要，这也同样是一个哲学性的问题，如果能对此有更深入的分析和讨论，是不是也会更有意义呢？当然，随着技术的发展，除了在哲学、文化意义上的理解和重视之外，隐私泄露还会带来一些新的风险（如网络诈骗），那就更是科学技术发展所带来的新问题了。

□　从本书开头介绍的有关技术来看，我感觉如今我们已经处在这样一种局面中：政府和公司都已经毫无疑问可以通过智能手机掌握我们的大量隐私。一个比较严重的问题是，如果有坏人企图施害于某个公民，则在"大数据"时代坏人的施害成本已经大为下降，现在的防线只能指望政府的法制和公司的自律。

在这种无可奈何的局面下，法律和伦理都可能不得不后退——某些对个人隐私的侵害和利用将成为合法，而某些现今尚被视为隐私的信息将来可能不再被视为隐私。这其实就是波兹曼所说"文化向技术投降"的表现之一，而凯文·凯利所谓的"技术有意志"之说，也将成为对这种现状的辩护，因为他主张我们应该、而且只能顺从技术的意志。这样的前景，想想真是不寒而栗啊！

■　你说的这个问题，应该只是随着科学技术的发展和应用所带来的诸多代价之一吧。只不过，从近年来的发展来看，这也许是直接地涉及最广泛人群的代价。也许人类关于隐私的伦理确实会因此而带来调整和变化，不过我们也可以设想，这种在因为"大数据"而带来的几乎所有的个人都无法抵抗的隐私侵犯，以及可以设想的相应的伦理倒退,最后会达到一个什么样的程度呢?还有没有一个不可逾越的底线呢?或者,这个最终的底线是在什么地方?再过上几百年,那时的人们又会如何评价我们今天的这种发展和伦理变化呢?

正像对各类技术的发展都有乐观和悲观的看法一样,你前面的观点,显然是悲观一派的。面对这种局面,其实我也属于悲观立场的一类。这就与当下生态环境的恶化一样,人们似乎也无力回天。不过,要是稍许乐观一点,也许可以说,像本书这样的书籍的出版,能够让更多一些人开始对问题有些意识,而这样的意识,以及因之而来的各种反应,或许能在某种程度上延缓一些"文化向技术投降"的速度?当然,在这种意义上,在对这样的问题的讨论方面,有更多更好的发人深省的著作的出版,也就更是好事了。

《数据与监控——信息安全的隐形之战》,(美)布鲁斯·施奈尔著,李先奇等译,金城出版社,2018年1月第1版,定价:78元。

原载2019年10月16日《中华读书报》
南腔北调(176)

全球变暖真无谓，气候原来是赌场？

□ 江晓原　■ 刘　兵

□　这是一本书名相当标题党的书,书中的内容也非常时尚——讨论全球变暖。我最初在相当程度上被书名误导了,期望在书中看到一些革命性的内容,但是阅读之后发现,我的期望难以实现。不过我们仍然可以从书中获得有益的信息,并让这些信息启发我们思考。

用大白话来说,所谓"赌场",其实就是指"全球变暖"这个议题背后的经济政治博弈。注意到这些博弈,能够让我们对"全球变暖"这个议题的认识更为深化。

有必要先指出一个事实——"全球变暖"这个议题是西方人设置的。西方人设置这个议题的动机,是很难猜测和判断的,但我们至少应该先考察这个议题本身的科学依据。

对"全球变暖"这个议题的科学依据,本书作者虽然做出了不打算回避的姿态,但这明显不是本书的重点。作者在简要陈述他所相信并采用的"综合气候/经济模型"(DICE)时,完全假定了这个模型本身的科学性、有效性,以及这个模型中数据的采集和使用等,都是没有问题的。换句话说,这个模型是有坚实的"科学依据"的。对于这个模型所提供的解释和推论,我们完全可以视为"科学事实"而全盘接受。

尽管作者也在某处轻描淡写地提到了"关于气候系统的知识的局限性",但是在他应用DICE模型作为基础来展开讨论时,无不言之凿凿,感觉不到有任何不确定性在困扰他。考虑到全书五个部分中的后面四个部分都是以DICE模型所提供的"科学事实"为依据的,这会不会有"在沙滩上建楼"的危险?

■ 我也有同感,我能想象你在阅读时发现自己被书名误导时的感觉。

此书是一部经济学著作,但特殊之处在于它是以气候变暖为主题来写的,在经济学领域里也算是很有独特性的。但气候变暖,首先是一个事实问题,而此"事实"又是以来自"科学"的证据所支撑的。因而这些"科学依据"的可靠性,就成为讨论的必要前提。气候变暖虽然被人们谈论得越来越多,成为被热议的主题,不过我们也会听到另一种声音,即对此问题在科学上的"确立",其实也还是有争议的。

那么,这就出现了一个立场选择的困难,即是否相信此书中所说的这些"确凿"的科学证据和结论?恰恰因为这些相关科学研究的复杂性和技术性特点,对于不是此领域的专业研究者来说,要想自己进行让人放心的判断是有难度的,似乎只有相信这些科学家。但另一方面,我们又知道在此问题上有争议,按照STS领域对科学和科学家的研究,会认为在其中是有利益相关性的,那么,这些科学家及其所言是否可信,又是一个需要考虑的问题。

在这样的两难之下,人们究竟应该怎样做出判断,究竟应该相信谁,相信什么?

□　首先,我们必须认识到这些争议的存在。而许多学者在谈论这些问题时,总是倾向于隐瞒这些争议,或对这些争议绝口不提,让读者根本意识不到这些争议的存在。本书在这一点上似乎也未能免俗。作者是一个经济学家,我不知道他是没意识到这些争议的存在,还是对自己采用的模型过于自信,以为这类模型玩出来的东西真的就是"科学事实"了。

其实我们可以问这样一个直截了当的问题:**世界上存在一种客观的"气候科学"吗?** 听本书作者的口吻,以及许多谈论全球变暖的人的口吻,比如美国前副总统戈尔在《难以忽视的真相》中的口吻,人们都会以为客观的"气候科学"当然是存在的,就像存在着客观的物理学一样。然而这不是事实。

尽管从终极的意义上来说,纯粹客观的物理学也不存在,但"气候科学"毕竟和物理学有着巨大差别。首先,在一般的意义上,物理学、天文学之类的"精密科学",确实是局限性最小的,或者相对来说是最客观的。而"气候科学"却有着巨大的不确定性——我们对一百多年以前漫长岁月中的地球温度都是间接推测的;而且地球温度一直在变化,这种变化的规律还没有被我们确切掌握;我们可以从已发现的那些考古、地质等方面证据看出地球温度的变化有多种周期,这些周期是不是真的存在……这些都无法得到精密的描述。所以关于地球温度变化的周期等,归根结底都是根据有限的间接证据推测出来的。建构模型只是这种推测的方式之一,模型给出的只是假说和推论,而不是像万有引力那样的"科学事实"。

■   如果我们认识到尚不存在一种"客观的"气候科学,那么,此书讨论所预设的前提就有了问题。前提有问题,后续讨论自然也就可能会有"在沙滩上建楼"的危险。但是,由于种种原因,全球变暖这一概念还是得到了非常普遍的传播,并因为这样的传播而使许多人对之坚信不疑。

这里涉及两个问题。其一,是属于哲学范畴的"何为科学事实"。一般来说,关于科学事实的概念,在一些大学教程中,都会看到像这样的定义:是指通过观察和实验所获得的经验事实,是经过整理和鉴定了的确定事实。那么,全球气候变暖是否符合这样的定义?当争议存在时,就意味着并非是"确定"的事实。

其次,这里还涉及在科学传播中对于"科学本质"的一种传播立场,即在科学传播中是否会对科学的"不确定性"进行传播的问题。由于比较普遍存在的科学主义的影响,人们实际上对科学的不确定性的认识远不是充分的。

如果我们先明确了全球变暖是一个有争议的科学命题,而不是确定的科学事实,那么我们又应该怎样看待此书的讨论,以及我们又该如何去做呢?

□   当我们强调"必须认识到争议存在"之后,无疑会对本书的权威性有所动摇,不过这并不会完全否定此书的价值。因为作为理论探讨,岂止"在沙滩上建楼"没有问题,即便是"空中楼阁"也无不可。道理很简单:在认识到前提可能有问题之后,我们考察在某种前提基础上展示的推理过程,仍然可能是有益的。

书中有些推理是如此的显而易见,以至于我们会感觉作者在小题大做或玩学术游戏。比如在确信人类经济增长导致全球变暖之后,作者"总结"出来的第一条,竟然是"零经济增长会大大减少变暖的威胁"。这样迹近同义反复的推理,任何有点常识的人都能够轻易做出,用得着那些"科学模型"操作半天吗?

当然,作者有时候也有"金句"出现,比如在谈论《哥本哈根协议》中"全球气候升幅不应超过2℃"这一目标时,作者认为美国国家科学院的最新报告中解释这一目标时只是在做循环论证,他揶揄道:"政治家们谈的是科学,而科学家们谈的是政治。"

关于全球变暖这个议题,多年来充斥着许多老生常谈,而且颇多误导。要对这类书籍获得一个正确的看法,使我们能够尽可能地从中获益,需要先有一个基本的认识:

全球变暖议题由三个互相有联系的问题组成。一、地球是不是在变暖?二、地球变暖会不会造成地球环境的灾害?三、这种变暖是不是由工业碳排放造成的?

许多人对这三个问题的答案都是"是",比如戈尔在上面提到的纪录片里就是如此,本书作者的答案也是如此。

但实际上,这三个问题中的任何一个,都不是简单的"是"或"否"能够回答的。

■ 你回答了应该如何看待此书的讨论,却没有回答"我们又该如何去做"?

不过,你说上面这三个问题,每一个都不是简单的"是"或"否"能够回答的,那至少意味着一种可能性,即还是存在有因人类的工业碳排放而带来环境灾难的可能。

如今,从环保的角度来说,控制工业碳排放已经是一个重要议题,也是许多人所致力的方向。另外,从资源和能源的角度来看,人类因贪婪的消费欲望已经带来了明显的问题,比如严重的垃圾问题。那么,控制工业的发展,就算没有全球变暖这种可能的危险存在,总也还是值得去努力的一件事吧?

当然,如果仅仅就严格学理意义上的全球变暖问题来分析,我倒是觉得你注意到的此书作者那句"政治家们谈的是科学,而科学家们谈的是政治"颇为耐人寻味,似乎在提示着我们观察和理解现实中政治与科学之复杂关系的某种线索。

□　开句玩笑,在我看来,我对这个问题能够"做"的,也就是"看待"而已。

作者在本书最后一编展示了某种"迎难而上"的姿态,他打算直面人们对全球变暖这一议题的质疑。他先列举了一些著名人物,诸如总统候选人、参议员、普京总统的顾问等,他们全都反对全球变暖这一议题,并认为据此制定政策是毫无必要的。特别是2012年16位科学家在《华尔街日报》上发表的文章《不需要为全球变暖恐慌》,作者认为该文是反对全球变暖的典型言论,所以拉开架势对此文进行全面批驳。不幸的是,作者的批驳并无足够的说服力。主要原因可能是因为作者对精密科学缺乏基本的体悟——尽管他引用了著名物理学家费曼的一长段话来给自己壮胆,但他的引用本身就不得要领。

这就又得回到气候科学的局限性问题了。由于这种局限性,全球变暖议题中上面三个问题的答案目前实际上都是难以确定的。当然,也正是因此之故,我们确实可以确定这样一点:就是这三个问题的正确答案是"是"的概率也不等于零。我相信,指出这一点肯定能够给热心环保运动的人以一定的安慰。

我还相信,在这个问题上,我和你应该能够取得相当一致的意见,而不必用"君子和而不同"来宽解。我虽然并不相信全球变暖议题中三个问题的答案都是"是",但我也没有足够的理由确信它们的答案全是"否"。更何况,即使这三个问题的答案全是"否",我也仍然同意,保护我们的环境是必须的。

在这样的认识基础上,再来考察作者对全球变暖议题中各方政治经济利益的讨论,应该能够更为深入一些吧?

■ 如果作为前提的全球变暖的真实性成为问题,那么随后的各种讨论显然就很有此书标题中"赌"这个说法的特点了。不过既然是赌,就有赌中赌不中两种可能。从积极的方面来说,如果对人类的未来真要负责任,面对全球变暖问题人类是有些输不起这种赌局的。作为经济学家,作者的出发点显然也是很可赞扬的,他并没有像许多经济学家那样完全陷入为利润、增长等献计献策那样的作为,而是对各种不同利益集团在此问题上的分歧有所认识,更为全人类未来的福祉所忧心。不过,我还是觉得作者设想的对策在复杂的现实中过于理想化了。这也许意味着另外的不确定性和某种悲观主义。如果从乐观的角度来看,由于作者的努力,也算为降低人类未来面临的风险多少做出了一点贡献吧?

《气候赌场——全球变暖的风险、不确定性与经济学》,(美)威廉·诺德豪斯著,梁小民译,东方出版中心,2019年9月第1版,定价:78元。

原载 2019 年 12 月 18 日《中华读书报》
南腔北调（177）

基因面前，还能我命由我不由天吗？

□　江晓原　■　刘　兵

□　刘兵兄，这可是一本相当有意思的书，我猜想一定也是你喜欢谈论的。

以前我们谈论历史上的星占学时，经常会提到"性格即命运"这句话，意思是说：一个人的命运是由他在一系列关键时刻的选择造成的；而他在关键时刻的选择，则是由他的性格决定的，所以说"性格即命运"。西方星占学家则宣称，能够根据一个人出生的年、月、日、时推算出他的算命天宫图（horoscope），并从他的算命天宫图中推断出他的性格，甚至推断出他将面临哪些关键时刻。比如，一个人的性格自私卑怯，那么遇到考验时自然就会逃避甚至背叛；而一个慷慨豪迈的人面对考验则团结战友努力工作，结果人生道路就此分叉，最后不啻泥云之别。

现在，基因学家来了，他们发现上面的星占学叙事可以很容易地移用过来：一个人的命运是由他在一系列关键时刻的选择造成的；而他在关键时刻的选择，则是由他的基因决定的，所以说"基因即命运"。自私卑怯的人逃避甚至背叛，是因为他的基因低劣；慷慨豪迈的人团结奋进，是因为基因优秀。

例如，本书花了不少篇幅讨论抑郁症："考虑一下当你得知自己携带有"抑郁症基因"——通常被认为位于5-HTTLPR区域——的时候，你会有何种反应"。作者告诉我们的反应之一是"感觉自己受到了永久的诅咒"："最容易映入脑海的是各种失败、拒绝、困难、损失、羞辱，生活显然充满了苦难。"而这一切，都很可能是基因决定的！所以你再挣扎也是徒劳的。

■　其实，这个问题还有另外很类似的版本。在近代科学建立初期，曾流行过一种非常极端的机械决定论。大致是说，按当时人们的理解，机械运动的规律已经被发现，而且这种规律决定着后来的一切。人们只要知道了最初每个物质粒子的初始位置和初始速度，原则上就可以计算出其后来的运动。进而按这种思路可以推论，人也不过是由众多的物质粒子组成的，那么，其后续的一切所作所为，也不过是由那些构成人的粒子的初始状态所决定的。再进一步推论就比较可怕了，那就是，例如，当你努力进步或选择放弃努力时，其实并不是由你的自由意志所决定的，实际上是在最初的时刻就已经"命定"了的，人们觉得自己的努力由自己决定，只是一种幻觉而已。

由此可见，认为人的命运可以单纯地由服从某种规律的某种物质性的东西来决定（其实星占也不过是由时空参数加上某种预设的规则来进行预言），这样的观点并不是什么新东西，令人惊奇的反倒是这样的思维逻辑总是随着科学的新发现而不断地再现。现在这本

《基因与命运》,所言之事同样也是如此。

但是,这也确实是当下科学背后存在着并且经常被表达出来的看法,而实际上,这似乎已经不是一个纯粹的科学问题,而是哲学问题了。你同意这种说法吗?

□　我同意。我想本书作者在一定程度上似乎也意识到了这一点,这从他多次提到"基因本质主义"可见一斑。

作者认为有四种常见的"基因本质主义"的偏见。一、认为与基因对应的人类特征是不可改变的,比如认为带有"不忠基因"的人就一定不忠。二、将基因视为终极原因。三、认为拥有共同基因基础的群体是同质的。四、认为基因是天然的。

按我的理解,作者在使用"基因本质主义"这一明显具有负面色彩的表达时,他想传达的意思是:基因所指示的人类特征或行为都具有不确定性。如果我们以"不忠基因"(48核苷酸序列在多巴胺受体DRD4基因的第三外显子exonIII上重复了7次)为例,他对上述四种"基因本质主义"偏见的陈述,换成大白话就是这样的:

一、有"不忠基因"的人不一定不忠(没有"不忠基因"的人当然也不一定忠诚)。二、基因不是不忠的终极原因。三、在有"不忠基因"的人群中不会人人不忠(这实际上只是第一条的推论)。四、可以认为"不忠基因"不一定是天然的(想想转基因技术吧)。

这样一看,作者对"基因本质主义"的讨论就很有意义了。在此基础上,作者对日益商业化的基因检测持相当消极的态度,也就顺理成章了。在本书第四章"'23与我'公司的神谕:基因测试和疾病"结尾,作者明确表示:

面向消费者的基因检测公司根本无法对常见疾病的健康风险提出具体的科学预测，因为这些疾病没有明确的病因可以直接从基因中准确读取。基因检测的科学真相是，幕后并没有神谕祭司。

这番告诫对于那些迷信基因检测的人来说真是十分及时。

■ 正像你所说的，确实作者对所谓的基因本质主义提出了比较认真的批判："被想象的本质所包围是很危险的，因为这似乎使我们失去了控制感和选择的自由。但使本质更加麻烦的是，它们常常和一些最有争议性的社会话题联系在一起，比如精神疾病、性取向、种族问题等。"而且，"对于常见疾病——能够使全世界大部分人丢掉性命的疾病——来说，它们是内在复杂的相互作用力量的一部分。因此，要提供精确的风险评估是不可能的，至少以我们目前的认识水平来说是不可能的"。

但为什么人们会有这样的对基因检测的希望呢？这就涉及人们对于本质的理解。"本质是深藏于内部的，是天然的，是不可变的，是终极原因，它们构成了自然万物的界限。本质主义似乎是普遍的人类特点。"相应地，人们形成了所谓的"本质思维"。"这种思维在人们调查过的各种文化中都很普遍，而且它在人们生命的早期就会出现，这就说本质主义本质可能是我们的本质的一部分。一些研究人员提出，我们是通过不断进化才具有了本质思维的……不管人类是通过怎样的方式逐渐培养了强烈的本质思维的，依靠本质思维来解释问题已经成为应用广泛而根深蒂固的想法。"对基因检测的希望，不过是人们把这本质思维用在了新的基因研究的进展之上而已。

但对于学者们来说，有价值的研究，恰恰是要对这种作为人类

"本质的一部分"的本质思维进行反思,发现其问题,也只有解决了这个更为基础性的问题,才有可能避免对本质思维在像对基因之类或旧或新的"本质"的发现而带来的滥用。

　　□　其实用朴素的大白话来说,这就是科学的局限性。当初科学界极力鼓吹人类基因组的"天书"将如何造福人类,最激动人心的展望,就是治病、防病,甚至改良人类成为"超人"。女星朱莉听说自己患乳腺癌的概率较高,还没等癌上身,就自己先将美丽的乳房割掉,也被视为一曲科学的"颂歌"。本书作者在书中也提到了这件事。虽然他对朱莉的决定没有说任何表示怀疑的话,但从他对目前基因检测技术的评价来看,既然"基因检测公司根本无法对常见疾病的健康风险提出具体的科学预测",那朱莉的决定究竟是不是明智,也就大有商榷的余地了。按照本书作者的意见,上面这些展望,其实都言过其实了? 实际上我们也只能从"天书"中读到某些事件发生的概率。

　　在本书第七章,作者小心谨慎地进入了关于优生学的讨论。这一章给人的印象是,作者似乎是将优生学视为一种"政治不正确的真科学",例如作者一则曰"现在你很难找到神志健全的人愿意公开支持优生学",再则曰"战后人们不能公开宣扬优生学思想,但是会策略性地改变名称以避免其过去的消极含义",例如将《优生学季刊》改名为《社会生物学》、将"优生学学会"改名为"高尔顿研究所"之类。在这一章的结尾,作者总结说:"优生学的诱惑力从未真正消失过……现在的优生学意识形态正通过各种治疗、健康检查和疗法等基因工程新科学而涌现出来。"

　　■　在关于优生学这一章中,作者更主要地是从科学基础及本质主义思维的角度,讨论了智商的遗传和犯罪基因两个问题。希望人类的后代能够更好,这种愿望本来也是可以理解的,因而优生学会得到一些人的认同,但优生学对此的干预,涉及伦理、种族等问题,从而不可接受,尽管在人们心目中希望后代更好的愿望依然存在。作者通过两个具体的案例,说明这样的优生学在科学上存在问题,即那些被认为是好的或坏的品质,并非可以单纯由基因的遗传来决定。其次,作者进而认为这种理论观点背后,仍然是本质主义,或者基因本质主义在起作用。这正是此书讨论此问题的特殊有价值之处。

我们可以看出,对本质主义和本质主义思维的分析与批判,是贯穿此书讨论基因与命运论题的主线。与此同时,我们也可以注意到,此书作者的身份实际上是社会与文化心理学教授,而在书中各处的论述和对材料的选取中,也充分体现了这一学科背景的特色。以这种特殊背景和视角来讨论此书的主题,应该说至少在我们这里以往是不常见的。

□　本书在国内关于基因、遗传等主题的书中,确属罕见品种。也许是科学主义观念对出版社选题的影响吧,我们在国内见到的有关基因、遗传的书籍,绝大多数都是完全正面介绍的。例如,介绍关于人类基因组"天书"的释读时,通常都伴随着关于健康、长寿的科学畅想;即使引进桑德尔的《反对完美——科技与人性的正义之战》,从伦理角度对上述畅想提出了异议,也是以对上述畅想信以为真作为前提的。然而本书作者指出:"因为大多数的特征并不是通过任何简单的开关出现的,所以我们想象的大多数基因工程的未来无非都只是想象出来的而已。"

斯蒂芬·海涅的这本《基因与命运》,可以当作对上述畅想的解毒剂——再次强烈提醒读者注意科学技术的局限性。无论是"天书"释读、基因测病、基因测祖、基因剪辑、基因改造……全都是没有很高确定性的"基因占卜学",而且作者也没有给出乐观的展望。所以本书给我的一个印象是:我们对人类基因组"天书"的意义和作用可能估计过高了,至少在人类现有科技水准下是如此。

■　虽然本书作者并非生命科学和生物技术的科学共同体成员,但他从跨学科视角更为超然地审视基因研究和应用的局限性及不确定性,并上升到哲学的高度。从本质主义思维这一层面,来分析人们之所以会盲目相信基因研究及其种种不实许诺和不当应用的原因。这些确实都是不多见的,却带给读者重要的启发和思考。

推而论之,此书又是以基因为主的一个内容丰富的大案例。作者运用的哲学思考,从对基因本质主义的反思,到对更为一般的本质主义和本质主义思维的反思,又让我们可以将这种批判性的反思推广到基因研究之外的其他一些科学前沿问题上。这也许是此书给我们带来的更重要的启发意义。

《基因与命运——什么在影响我们的信念、行为和生活》,(加)斯蒂芬·J.海涅著,高见等译,中信出版集团,2019年7月第1版,定价:68元。

原载2020年8月19日《中华读书报》
南腔北调(181)

找不到外星人的75种解释

□　江晓原　　■　刘　兵

□　人类谈论外星人已有数百年历史,进入20世纪又有了多种科学的探测努力,但外星人迄今为止从未现身。本书正标题就是费米悖论的简要表述。本书可以视为解答费米悖论的集大成之作,尽管并非完备无缺。

十年前,穆蕴秋在我指导的博士论文《地外文明探索研究》中,曾参考过本书2002年的英文初版,那时的书名是《如果有外星人,他们在哪——费米悖论的50种解答》(*If the Universe is Teeming with Aliens, Where is Everybody? Fifty Solutions to Fermi's Paradox and the Problem of Extraterrestrial Life*),到2015年的新版中,50种增加为75种了。

50种或者75种,听起来都挺吓人,其实是可以进一步归类的,本书作者斯蒂芬·韦伯也是这样处理的,他归纳成三个大类。一、他们就在或曾经在这里(包括10种)。二、他们存在,但是我们还没有看到或听到他们(包括40种)。三、他们并不存在(包括24种)。最后提出他自己的一种作为第75种。

当然,作者自己也表示:"我并不认为这里所列的解答清单已经详尽无遗。"例如在我看来最有思想深度的一个大类——"大寂静"(Great Silence,又译"大沉默"),就没有出现在作者论述的清单中。这个未出现的大类中,应该包括特别引人注目的斯坦尼斯拉夫·莱姆(Stanislaw Lem)的解答,以及刘慈欣的解答。但本书作者似乎不认为"大寂静"是一类认真的解答:"但这并不意味着费米悖论可以以一种开玩笑的态度对待。我相信支持'大寂静'理论的声音正在变得愈发响亮……"这让我颇出意外。

■ 对于许多人来说,外星人的存在和发现外星人,都是很有吸引力的问题。而且对此感兴趣的,不仅是那些狂热的业余爱好者,应该也包括不少专业科学家,所以才会有那些寻找外星人的研究项目。费米悖论当然也可视为科学家对此问题关注的一个例子。

在你刚刚谈到的这位作者对回答费米悖论的答案的分类中,如果从另一个角度来看,是不是又可以这样来分:第一类,更接近于那些热爱神秘现象和地外文明的业余爱好者,像对 UFO 现象抱有极大兴趣的"民科"之类;第二类,主要是比较中性、比较谨慎的对此问题感兴趣的人,但对外星人的存在,还是抱着一种先在的信念;第三类,似乎接近于对费米悖论的否定,因为其前提可能就存在问题。对于对作者分类的这种再分类,不知你是否同意?

我本人也觉得作为科幻领域中最有思想性和想象力的莱姆,其观点应该得到重视,而不是将其置于分类系统之外。更何况刘慈欣如今在中国影响巨大,他的想法自然也颇为值得分析讨论。另外,你所说的让你"颇出意外",这又是为什么呢?

□　你从学说主张者出发的分类法,对于我们分析问题非常有建设性,我们后面应该还会有机会谈到。这里先对莱姆的设想和"大寂静"作一点说明。

我们以前一直习惯于将宇宙(自然界)视为一个纯粹"客观"的外在,它"不以人的意志为转移",至少在谈论"探索宇宙"或"认识宇宙"时,我们都是这样假定的。

这个假定被绝大多数人视为天经地义,但是莱姆提出了另一种可能——"宇宙文明的存在可能会影响到可观察的宇宙"。莱姆的意思是说,人类今天所观察到的宇宙,会不会是一个已经被别的文明规划过、改造过了的宇宙?

莱姆设想,既然宇宙的年龄已经如此之长(150亿—200亿年),那早就应该有若干高度智慧文明发展出来了。这些早期智慧文明开始博弈(比如争夺宇宙资源)之后,经过一段时间,他们为什么不能达成某种共识,制定并共同认可某种游戏规则呢? 所以我们今天所观察到的宇宙,很有可能是一个已经被别的文明规划改造过的宇宙。

对于这种宇宙规模的规划或改造,莱姆是这样设想的:

工具性技术只有仍然处于胚胎阶段的文明才需要,比如地球文明。10亿岁的文明不使用工具,它的工具就是我们所谓的"自然法则"。

换言之,所谓"自然法则"只是在初级文明眼中才是"客观"的,不可违背的,而高级文明可以改变时空的物理规则,所以"围绕我们的

整个宇宙已经是人工的了",莱姆宣称"宇宙的物理学是它的社会学的产物"就是此意。这种改造,莱姆至少设想了两点:

一、光速限制。在现有宇宙中,超越光速所需的能量趋向无穷大,这使得宇宙中的信息传递和位置移动都有了不可逾越的极限。

二、膨胀宇宙。莱姆认为:"只有在这样的宇宙中,尽管新兴文明层出不穷,把它们分开的距离却永远是广漠的。"

莱姆认为,早期文明(即他所谓的"第一代文明")来到宇宙游戏桌开始博弈并达成共识之后,他们需要防止后来的文明相互沟通而结成新的局部同盟——这样就有可能挑战"造物主群"的地位。而膨胀宇宙加上光速限制,就可以有效地排除后来文明相互"私通"的一切可能,因为各文明之间无法进行即时有效的交流沟通,就使得任何一个文明都不可能信任别的文明。比如你对一个人说了一句话,却要等8.6年以后——这是以光速在离太阳最近的恒星来回所需的时间——才能得到回音,那你就不可能信任他。

这样莱姆就解释了地外文明为何会"大寂静"——因为现有宇宙"杜绝了任何有效语义沟通的可能性",所以玩家们必然选择寂静。由此莱姆也就对"费米佯谬"给出了他自己的解释:老玩家们在制定了宇宙时空物理规则之后选择了寂静,所以他们在宇宙大游戏桌上是隐身的,地球人类自然不可能发现他们。

我感到"颇出意外",是因为"大寂静"这样思想深刻的费米悖论解答,竟被本书作者隐隐归入"开玩笑的态度"之列,不予考虑。

■   基于这样一种宇宙图景的对费米悖论的回答,当然也是很有想象力的。其实,在此书中列举的75种回答中,有不少回答还是让人觉得很幼稚,很像是"开玩笑"且并无太多道理的。相比之下,莱姆的"大寂静"说,确实更有从另一个完全不同的出发点试图在根本上回答费米悖论的感觉。显然莱姆的说法应该是出现在刘慈欣的《三体》之前,如果有更多的人知道莱姆的想法,不知对《三体》中的宇宙设想的震惊感是否会有所减少。而且我也很好奇,刘慈欣在撰写《三体》时,是否知道莱姆的观点,抑或是他自己独立的原创?

接着再谈你的"颇出意外"。为什么"大寂静"这样思想深刻的费米悖论解答,会被此书作者归入"开玩笑的态度"之列呢?你对此有什么猜测和解释?或者,这是否会连带使得人们对于此书的价值产生怀疑呢?

□ 这就和你前面提到的从学说主张者出发的分类有关了。我注意到,本书作者在列举各种对费米悖论的解释时,似乎有刻意回避科幻作家的倾向:在75种解释中,来自科幻作家的不到十二分之一(我只找到了6种)。本书作者显然更喜欢来自学者、官员、科学家所提出的解释。被本书作者选中的6位科幻作家中,有的人也有双重身份。

虽然中译本相当可惜地删去了索引,但通过对75种解释的阅读,我相信本书作者没有提到过莱姆的名字。莱姆虽然是波兰的科幻作家,但他是东欧社会主义阵营中比较罕见的能够同时被冷战双方都接受的作家,他的作品很早就有英译本。至少在科幻圈子里,莱姆不是名不见经传的小人物。但本书作者既然有回避科幻作家的倾向,没有让莱姆进入他的视野倒也不难理解。

本书作者的上述倾向,虽然出自我的猜测,但对于理解他为何会将"大寂静"这样一类对费米悖论最有思想深度和力度的解释弃之不顾,是有帮助的。也许在他心目中,科幻小说作为虚构作品,是很难和"开玩笑的态度"拉开距离的?

至于刘慈欣,他阅读过大量前贤的科幻小说,相信莱姆的作品进入刘慈欣视野的概率要大于进入本书作者视野的概率——尽管如果真是如此,对于本书作者来说是不应该的。刘慈欣在《三体》中设想的"黑暗森林法则",明显可以归入"大寂静"类中。而他脍炙人口的"降维攻击"所想象的宏大场面,完全是对莱姆"(先进文明的)工具就是我们所谓的自然法则"即改变时空物理规则的具象描绘。顺便说一句,"降维攻击"这个说法现在经常被各界人士用来表达"不可抗拒的攻击"之意,堪称"降维使用"——忽略了刘慈欣创造的这个表达的大部分精妙之处。

■   基于你的这种猜测,也就是说,科幻作者从身份上似乎很难入得作者法眼,但在我的感觉中,那些被归入学者、官员和科学家阵营的回答者,甚至于这个悖论本身,也都是很有科幻意味的。此书中的一些回答,看上去也颇有科幻感,因而,将科幻作者的回答排除在外显然是非常不恰当的。

之所以说这个悖论,或者说它隐含的前提,就很有科幻意味,在很大程度上是因为对它的回答显然与常规的科学假设及其对之要求的证明的根据有所不同。通常人们会说,要证明一件东西存在,这相对还是容易的,因为只要找到一个证据就可以,而要说某种东西不存在,则要困难得多,因为人们几乎永远也没有办法证明自己已经穷尽了所有的证据。对于外星人存在的猜测正是如此。

尽管如此,至少对于一部分人来说,外星人的存在还是非常具有吸引力的想法,尤其是众多的科幻作家。当然,在其中,也还存在着一些可以讨论的问题,毕竟我们看到的科幻作品中对于外星人的呈现,大多还是以地球人作为样板,只是稍加变化而已。但外星人为何非要如此,却是很可以讨论的问题。在《三体》中,"三体人"就几乎没有以真正具象的方式出现,而就我有限的科幻阅读所见,像莱姆的《索拉里斯星》中,那个"大洋"那样几乎完全超出地球生物模板的构想,也差不多才算是真正超越性的想象力的创造。也许,这部分地反映了大部分科幻作家的想象力还是不够超脱吧。

但无论如何,外星人的存在,以及寻找外星人,一直是有趣而经久不衰的话题,那么对外星人的研究和探索,包括各种大胆的猜测和想象,可不可以成为一种广义上的科学研究,与现有的那种主流的科学规范有所不同,但仍然值得人们重视呢? 更何况外星人的存在,又在原则上被认为与地球人的命运紧密相关因而非常重要。这样想来,也许我们又可以给涉及外星人的科幻一种新的定位?

《如果有外星人,他们在哪——费米悖论的75种解答》,(英)斯蒂芬·韦伯著,刘炎等译,上海科技教育出版社,2019年12月第1版,定价:98元。

原载2021年12月8日《中华读书报》

南腔北调(189)

工具还是武器:看微软总裁对技术的思考

□　江晓原　　■　刘　兵

□　这是一本打着微软旗号的书。作者布拉德·史密斯(Brad Smith)是微软总裁兼首席法务官,比尔·盖茨为这书写了推荐序。通常这种身份的人写书,总难免对自己所属的企业和行业有所美化。本书作者虽然也没有违背这一规律,但书中对各种问题的回顾和讨论还是非常有价值的。

当今世界上,跨国科技公司"富可敌国"早已司空见惯,而"富"之后就要追求"贵"——希望拥有和国家政府分庭抗礼的权力和地位。这种权力近年最典型的表现,就是推特居然能够封了时任美国总统特朗普的号。只是一者作为美国总统特朗普实在太过奇葩,二者封号发生在特朗普失去权力的前夕,所以这个标志性事件的典型意义似乎还不太够。那么本书第二章讲述的事件——让我们先假定作者的讲述是真实的——可以帮助我们进一步理解这种权力。

　　这一章讲述斯诺登爆出美国政府监听丑闻的猛料,其中有9家美国科技公司"允许美国国家安全局直接访问用户的电子邮件、聊天记录、视频、照片、社交网络详细信息和其他数据"。这9家公司包括微软、雅虎、谷歌、脸书、苹果、YouTube……

　　对于微软到底有没有"允许"国家安全局直接访问自己用户的数据,作者有这样一番奇妙的说辞:"也许我们是某个秘密俱乐部的成员,而这个俱乐部实在太隐秘了,连我们自己都不知情。"

　　但不管怎么说,经斯诺登一爆料,上述科技公司的用户和公众现在对于美国国家安全局的"直接访问"肯定是"知情"了。为了平息用户对监控的愤怒和恐惧,这些平时一直尔虞我诈明争暗斗的科技公司,居然在此事上联起手来,决定对自己的用户数据进行加密,同时起诉美国政府。

　　后来奥巴马在白宫"约谈"了这些公司巨头,听取他们的意见。有人说斯诺登是英雄,建议奥巴马赦免他,被奥巴马断然拒绝。对于用户数据的隐私问题,奥巴马也有一番奇妙的说辞:你们各大公司掌握的用户数据,比美国政府掌握的要多得多,"我怀疑,未来枪口将会调转"。奥巴马的预言,不知如今是不是正在实现。

　　■　应该说,这本书还是很有意思的。你上面举的这个例子也很有意思。类似情景在我们以前对谈丹·布朗的小说时也曾出现过,但这次不是文学虚构,而是现实中的实例,这就更值得讨论和关注了。

　　无论是政府还是各大科技公司,通过对用户数据的掌握和在此基础上对用户隐私的侵犯,虽然有着权力结构的问题,但归根结底,还是现代网络通信技术本身的出现才使这种侵犯成为可能。以往,许多人为科学技术的发展辩护时总是说,科学是中性的,技术是中性的,它们都是无辜的,如果出现问题,也只是他们的使用者有问题。但这样的辩护其实很难成立。

其一,从根本上讲,科学和技术就不可能回避其要被使用的问题。抽象地、孤立地谈科学技术,把科学和技术与它们在其中发展的人类社会环境和被利用的可能相分离,这种论证本身就不成立。其二,也正像著名的墨菲定律所说的,如果说可能存有出现问题的可能性,那问题就一定会出现。换到这里的例子,也就是说,如果这种技术可能被滥用,就一定会被滥用! 你所举的书中的这个例子,不正是典型的情况吗?

□　在上面的例子中,微软等公司被描绘成仿佛是受害者,是美国政府的安全部门在利用它们,从而也就是伤害了它们。它们也起来抗争了,至少摆出了抗争的姿态。按照本书作者的说法,奥巴马政府后来有所让步,"我们成功地前进了一步"。

不过,到了本章的后面几节,内容就变得更为"政治正确"了。因为当政府以"反恐"的名义要求科技公司提供有关用户的数据时,法律障碍和心理障碍就都烟消云散了。公司认为,因反恐的要求而向美国国家安全部门提供用户的任何数据就完全没有问题了,它们甚至主动请缨替政府干事。

但问题的复杂性在于,不同国家、不同民族对于"恐怖主义"会有不同的理解,对于"隐私"更会有不同的理解。微软作为巨大的跨国公司,当然不会只面对美国政府,它需要在世界各地面对各种不同的政府。这些政府对于数据安全的理解会有很大的不同,各国的法律也会有种种不同。

　　本书作者对于"隐私",当然持有典型的西方式理解。在这种理解中,"隐私"被毫无疑问地视为"人权"的一部分。本书作者写道:"微软在决定于一个新的国家设立数据中心之前,都会要求一份详细的人权状况评估报告……因为人权风险太高。"到这里本书书名所提的问题就来了:这些跨国科技公司所掌握的巨大数据,既可以用为工具(比如防控疫情),也可以用为武器(比如煽动暴乱)。甚至同一种运用,在此国只是工具,在彼国就成武器。所以问题非常复杂,本书作者也不可能给出万灵药方。

　　■　　你继续分析的这个例子,以及结论,原则上几乎可以适用于所有的科技进展,对涉及隐私的数据掌握和利用只是其中之一,差别或许只在应用这些技术所可能带来的"正面"或"负面"影响体现在不同方面而已。更何况,对于何为"正面"何为"负面"的评判,又在相当程度上依赖于评判者本身的价值观。所以,本书书名似乎表述了这样一个判断:新的科技成果,既可以作为工具,也可以作为武器。

　　在这种表述中,作为"武器"的对立面,又似乎赋予了"工具"以正面的价值。其实在最一般的意义上,武器也是用于杀戮和战争的工具。问题在于,真的有纯粹中性或只有正面价值意义的工具吗?

　　在此书关于人工智能与劳动力的那一章中,涉及的问题和讨论也是在这样的矛盾中展开的。在此,作者先是以由于汽车的发展,使得原用于消防的马匹被取代的例子,来说明技术进步的意义,但在继续谈及人工智能的发展会带来就业结构的变化,导致一些工作岗位上的人会被人工智能取代时,一方面确实承认这会带来劳动力的失业风险,但另一方面,却并不因而否定人工智能,只是被动地探讨可以如何应对这种冲击,将应对归结为"需要政府和公共部门的创新",

认为"从长远上讲,车到山前必有路,事情总有办法解决"。实际上,其立场仍然是为了"进步"而不对科技的发展进行质疑作。

□　你注意到的问题,在书中关于黑客网络攻击的一些章节中特别突显了出来。武器就是用来害人的工具,但你可以用来害别人,别人也可以用来害你。反恐和实施恐怖主义行动之间,有时只有一步之遥。比如关于2017年那次著名的对各国电脑的黑客攻击,书中写道:"《纽约时报》很快报道说,WannaCry恶意代码中最先进的一段由美国国家安全局开发,可利用微软Windows操作系统中的漏洞入侵电脑。"

从更广阔的背景来看,互联网可以说就是瓶中的魔鬼,美国人率先将它释放出来,现在美国虽然大体上仍然维持着互联网霸权,但自身也已经无法保证不被攻击。目前对这类攻击也只能用加强监控、给系统打补丁等办法应付。

本书作者也没忘记在这个问题上乘机对微软自我美化一番,比如为了应对WannaCry病毒,微软决定向Windows XP的所有用户——包括盗版用户——免费提供补丁。如果这是真的,那这件事情对微软自身来说也还是有利的,至少有助于维护Windows操作系统的声誉和用户对微软的信心。

作者作为微软的总裁,作为现役业者,脑袋或多或少总要被屁股所影响,我们当然很难指望他们对互联网、大数据、人工智能等做出彻底的反思。像本书作者这样,能够在"接受现实"的基础上,对一系列具体问题有所思考,并且分享给读者,也算不错了。

■　俗话说,道高一尺,魔高一丈。虽然微软为一些用户的系统安全提供免费补丁,但这毕竟只是被动的补救措施,而且这种拉锯战恐怕要一直进行下去。而在拉锯战中,用户依然会有损失。如果只纠结在这种补救性的措施——其实面对许许多多科技应用的负面效果,人们都是在以这种补救的方式来对应,那根本性的问题并没有得到解决。关键的前提还是:为什么要把"瓶中的魔鬼"放出来呢?

同样,许许多多关于科技应用负面效应的思考和讨论,似乎也都是在那种如何补救的层面上来进行的。在这样做时,反而回避了最根本性的"放出魔鬼"这个前提。而且,往往是在默认了科学技术的发展是天经地义的,是为了人类的进步,从而使得人们不去反思为什么以及如何发展等根本问题。

我们的对谈,可以就这个最根本性的问题进行一些讨论。这就是,到底"发展"意味着什么? 我们应该如何"发展"? 科学技术在"发展"中究竟可以扮演什么样的角色? 或者,更明确地讲,还是为什么要发展以及为什么要更快地发展科学技术的问题。其实答案也可以很简单:发展科学技术本应是为了人类能够更幸福地生活! 但在前面我们谈到的例子中,以及更多的其他事例中,科学技术的发展及其后果,真的完全符合这一目标吗?

□ 哈哈,我前些年早就说过了,现代科学技术的发展,经常是在客观上让人类"百岁人生十年过",就是将人类文明从出生成长到衰老死亡的过程压缩得更短,让人类文明的"人生"更快地过完。但明知道理如此,人类目前却也无可奈何。

本书作者在第14章呼吁中美两国加深相互理解,特别是美国的政治家应该更好地了解中国,但面对严酷的现实,他也无法得出任何乐观的展望。说到底,人类世界只有早日实现大同,才有可能避免被资本、技术、地缘政治所绑架，才有可能更好地规划人类的"人生"。在那种状态下，田松教授曾经呼唤的"让我们停下来唱一支歌"才有可能实现。

■　你最后所说的"压缩"，应该是一种隐喻了。这样的隐喻也很形象，能够描述一些人在众多科技新成果应用于现实生活的现实下的某种心理感受。当然，也会另有一些人，反而对这种高新科技成果的应用感觉非常刺激，觉得是一种享受，甚至对于人工智能也许会统治人类的可能性，也无动于衷，认为是发展的必然趋势。至于持何种看法，取决于人们对于何为幸福生活之理解的价值判断的不同。我们的对谈，只能提醒人们注意到前一种更有传统基础的幸福价值观的存在和意义而已。

但就是那些持后一种立场的人，应该也无法否认此书中讨论的问题确实存在，那么从有限的目标来看，此书的积极意义还是很明显的。虽然如你所说，只有当实现了"人类大同"的理想，这些问题才有可能得到真正的解决。

《工具，还是武器？——直面人类科技最紧迫的争议性问题》，(美)布拉德·史密斯著，杨静娴等译，中信出版集团，2020年2月第1版，定价：68元。

科幻篇

原载 2017 年 2 月 15 日《中华读书报》
南腔北调(160)

《基里尼亚加》: 乌托邦与现代化之战

□ 江晓原 ■ 刘 兵

□ 刘兵兄,这本内容让人爱不释手、封面设计却不尽如人意的《基里尼亚加》,首先有个相当特别的地方,书中 10 个故事都可以独立成篇,事实上它们也都是独立发表的,所以可以看成短篇小说集;但这 10 个故事又是围绕着一个主题展开的,而且情节逐渐推进,讲述一个乌托邦如何在它的创立者费尽心血的维护之下仍然不可避免地逐渐走向解体的过程,所以也完全可以视为一部长篇(或中篇)小说。

作者颇为自得的是,这 10 个故事先后得了 2 个雨果奖、9 个雨果奖和星云奖提名。对于看过一些科幻小说的人来说,这些故事初看起来似乎平淡无奇,但合而观之,则呈现出深刻的思想性和启发性。我猜想,这不仅是它们在国外得奖的原因,也是它们让你以及你身边那些深受反科学主义思想熏陶的爱徒一见就爱不释手的原因吧?

本书的思想性和启发性,当然可以见仁见智,我想至少有如下数

端,是值得讨论的:

一、在周边的现代化阴影之下,建设一个乌托邦是可能的吗?

二、现代化为什么会让一部分人厌恶或对它失去信心?

三、乌托邦是"反现代化"的可行的药方之一吗?

在《基里尼亚加》中,上述第一个问题和以前"一国能否建成社会主义"问题有着某种内在的相似性,而这种相似性背后所蕴含的思想性和启发性,更是充满了迷人的色彩。

■ 我也是在很偶然的情况下发现这本有趣小说的,读后发现这确实是一本奇书。当我把它推荐给周围的一些人时,我发现,无论是我自己还是他们的阅读反应,都与很多年前我发现、阅读和推荐戴维·洛奇的小说《小世界》很相似。

古人说物以类聚人以群分,我推荐的这些对象,当然包括你所说的"深受反科学主义思想熏陶的爱徒",还包括其他一些好友,甚至连你的反应,应该说也在我的预想之中。你用了"深受反科学主义思想熏陶"这一定语,也许这就是人之分群的方式之一。但我估计许多看惯了传统形式的科学小说,特别是喜欢"硬科幻",以及科学主义倾向强烈的人,会不太喜欢这本"科幻小说"。

这本书,其实只是在一个有些科幻意味的大背景下,想象在科技非常发达的未来,利用科学技术作为手段,一些人艰难地试图保卫某种非常传统(很多人会认为非常"愚昧")的文化和生活方式的故事。《1984》不是也被许多人看作"科幻小说"的一种吗?尽管《基里尼亚加》中的科技含量还要比《1984》多出许多。

你提出了三个值得讨论的问题,我觉得,至少第一个可能是有答案的,不仅是在小说中,就是在现实中亦是如此。比如,美国阿米什人的例子就很典型,尽管在《基里尼亚加》中所描述的情景要更加"乌托邦"一些。

□　这个名叫基里尼亚加的乌托邦,是"人工"建构起来的。对这个乌托邦,我们可以从两个角度来考察:外部环境和内部机制。

先看内部机制。和早期想象中的乌托邦相比,基里尼亚加有着更为鲜明的反科学主义色彩,这个乌托邦的创立者——也就是它的维护者,极力设法让基里尼亚加保持老子设想的那种"小国寡民"的状态,也就是田松喜欢的"有圣人的民族"的状态。在这种状态中,人们拒绝使用现代化的工具,无论是生产工具、交通工具、通信工具,乃至生活用具,都是如此。在这一点上,基里尼亚加和经典的乌托邦相当不同,因为在经典的乌托邦想象中,科学技术通常扮演着重要角色,而不是拒绝或逃避的对象。

再看外部环境。基里尼亚加倒是和乌托邦传统中后来那些实验性质的空想社会主义社团有着很大程度的相似之处。最重要的一点是:在它们外部存在着一个现代化高歌猛进的社会。和基里尼亚加的乌托邦相比,外部的现代化社会显得更"人性化",或者说更能迎合人性中的丑恶和弱点,所以在外部社会的"感召"之下,基里尼亚加逐渐人心浮动,最终土崩瓦解。基里尼亚加的命运,基本上也就是历史上那些空想社会主义社团的命运。这也就是我将基里尼亚加的故事和"一国能否建成社会主义"问题联想到一起的原因。

现在我们能够找到的唯一例外,也许就是美国的阿米什人社团了。阿米什人还在坚持,从外部报道所描绘的阿米什人生活来看,他们确实就是基里尼亚加乌托邦的蓝本。

■　基里尼亚加的命运,除了人性因素之外,还存在着一个非常根本性的问题,即这个努力保存传统文化与生活方式的试验场所,却是完全依赖现代科学技术手段来支撑的。

一是它的存在本身,就是依赖于现代科学技术而实现的,更不用说那些往来于地球上各地和基里尼亚加之间的交通手段了。更重要的是,那位基里尼亚加的领导者,那个巫医,以超自然的方式显示其能力对那些不服从者进行惩罚时,所依靠的恰恰是像调整星球的运行方式来改变气候之类的现代科学技术手段,而不是传统中巫师应该拥有的超出科学认识之外的能力。

这样的描述实际上表明了作者的某种立场,这虽然使得小说可以因之成为"科幻小说"而非奇幻小说,却恰恰暗示着科学的一支独大,而传统的文化和生活方式只能是一些利用科学技术保护的古董。这样传统文化和生活方式就缺少了其存在所必需的最深层的根基,所以这个乌托邦试验的失败也就是可预料的了。科学技术因素也使基里尼亚加不同于一般的空想社会主义实验,因为后者并不一定需要现代科学技术作为必要条件。

□　你上面的看法中,有一点我不甚赞同。我认为小说中的基里尼亚加乌托邦依赖科学调节气候之类的设定,只是为了自圆其说,就像许多作品中科学技术只是一种包装那样,这些设定不仅在思想层面无关紧要,而且在推动故事情节发展中也基本没有作用。

我倒是觉得,更加本质的问题之一,是我前面提到的第二个问题:现代化为什么会让一部分人厌恶或对它失去信心? 在小说中,基里尼亚加这个乌托邦之所以能够建立,当然是因为有一部分人对现代化感到厌恶,或对现代化失去了信心,所以他们愿意去尝试这个乌托邦。小说中的"我",巫医"蒙杜木古",是这个乌托邦的创建者,更是这个乌托邦的尽心尽力的守护者,他对各种本质问题,都比乌托邦的其他居民思考得更深入、更透彻。但他却是在西方受过完备现代化教育的人,所以他是现代化的反叛者和批判者的典型代表。

在小说中,作者其实经常在回答"现代化为什么会让一部分人厌恶或对它失去信心"这个问题,这通常表现在蒙杜木古自己的思考和他对人教诲或与人辩论时。他的答案,我替他归纳起来,大体是这样:

因为现代化只是以破坏环境为代价满足了我们的物欲,却让我们迷失了精神家园,所以我们应该拒绝现代化。

这个答案,在现实生活中,只有极少数人会赞同,至少目前是如此。在小说中,除了蒙杜木古有着坚定的信念,其他人要么浑浑噩噩根本不思考这类问题,要么软弱动摇不敢直面这个问题,要么在物欲的驱使下最终选择了相反的答案。

■　但我还是觉得依赖科学技术是个重要问题。因为这涉及从根本上如何看待基里尼亚加非现代化传统生活的意识形态和知识基础。基里尼亚加的领导者巫医本人,除了从价值层面反感现代化,他在一些像草药、占卜等各种知识的选择中,如何看待现代科学和传统巫术的竞争?本书作者又如何看待巫术的知识地位?蒙杜木古真的相信巫术作为统治基里尼亚加生活方式的意识形态的合理性吗?

你关心的第二个问题,简单地说,在现实中,确实大多数人不大会去思考,并会不自觉地选择更让人舒适和懒惰的现代化,但如果现代化到最后真的要危及人们的基本生存条件,比如说当下令人恐怖的雾霾,那么怀疑现代化的人就会越来越多,这要有一个过程。更复杂些,就会涉及不同的生存方式和社会发展模式。但这样的选择是唯一的吗？是一元的还是多元的？选择的基础是什么呢？小说中蒙杜木古的徒弟不就已经开始怀疑了吗？我觉得这些问题对于思考这部小说也是同样重要的。

□　你说的这些问题,正可以引导到第三个问题:乌托邦是"反现代化"可行的药方之一吗？事实上,在看到现代化的种种弊端之后,迄今为止谁也给不出有效的药方。基里尼亚加的乌托邦,作为思想实验当然很有意思,它可以引导和启发人们思考各种问题,比如现代化的弊端、现代化是不是可持续、我们的精神家园在哪里,等等。但谁都知道,基里尼亚加并不是药方。作者也知道这一点,所以基里尼亚加的这场乌托邦实验,在小说中也失败了。

我们对现代化的态度,包括我们对它的热爱或痛恨程度,都会随着时间而改变。因为在这个过程中,现代化的后果会改变,我们的价值标准也会改变。比如,即使已经有成功的论证证明雾霾就是现代化的直接后果,并且这种论证已经被大多数人接受,仅仅目前的这些雾霾,显然还不足以让大多数人决定放弃现代化。但是,如果雾霾进一步严重起来,比如导致京津冀地区疾病爆发,人均寿命大幅下降,并且当"现代化→雾霾→寿命下降"这样的因果链又被大多数人接受,赞成基里尼亚加式"退回现代化之前"的主张就有可能会流行起来。

■　这样看来,似乎只能得出一个令人沮丧的结论,即只有现代化的弊端严重到直接威胁人类的生存而且人类尚未被毁灭时,才有可能让人们放弃对现代化的追求。

但基里尼亚加的试验为何会失败呢？书中有趣的情节之一是，基里尼亚加的领导者和居民来自肯尼亚，但却认为肯尼亚的现代化是一种"堕落"，虽然那种"堕落"远没有达到让人类无法生存的地步，反而是许多人梦寐以求的"发展"。其中体现的是一种对生活方式和传统文化的价值选择，而不是一种生死选择。难道这是在提示人们，只基于文化和价值选择远不足以对抗现代化的诱惑吗？我们周边的现实似乎也在暗示着这一点。

在小说中，巫医展现其"神力"是依靠科学技术，而那里的居民却相信其"神力"是传统知识的结果，这就出现了一种分裂。这种分裂自然也就可以延伸到对巫医作为统治者和传统文化代言者所应具有的其他能力上。一个我一直特别关心的问题是，那位主人公自己是否也还像他的先辈那样笃信自己坚持的传统文化和信仰？对此，我也没有想明白。

《基里尼亚加》这部小说可以引人深思的问题实在太多，也太复杂了。我觉得，对于一些愿意思考的人来说，它的价值远远比那些只在表面上炫目耀眼和打打杀杀的"硬科幻"要更有吸引力。

《基里尼亚加》，(美)迈克·雷斯尼克著，汪梅子译，四川科学技术出版社，2015年8月第1版，定价：28元。

原载 2018 年 6 月 13 日《中华读书报》
南腔北调(168)

丹·布朗走在反科学主义的道路上吗?

□　江晓原　　■　刘　兵

□　我们不止一次对谈过丹·布朗被引进中国的小说,这次要谈的是他的《本源》。但这次我打算先将丹·布朗小说问世和引进中国的时间线清理一下。迄今为止已经有七种丹·布朗的小说被引进中国,按原作出版年份开列如下:

《数字城堡》(*Digital Fortress*,1998),中译本:2004

《天使与魔鬼》(*Angels & Demons*,2000),中译本:2005

《骗局》(*Deception Points*,2001),中译本:2006

《达·芬奇密码》(*The da Vinci Code*,2003),中译本:2004

《失落的秘符》(*The Lost Symbol*,2009),中译本:2010

《地狱》(*Inferno*,2013),中译本:2013

《本源》(*Origin*,2017),中译本:2018

从上面的清单可以看出,中译本的出版顺序是这样的:《达·芬奇密码》《数字城堡》《天使与魔鬼》《骗局》《失落的秘符》《地狱》《本源》。

开列这些时间顺序并非毫无意义,从中可以看出一些名堂。

例如,尽管此前丹·布朗已经出版了三部小说,但他的畅销书作家地位是靠《达·芬奇密码》奠定的,这一点可以从《达·芬奇密码》中文版权以极低价格售出(据说只有几千美元)得到佐证——这表明此时丹·布朗的经纪人还未意识到他马上就要红了。

其次,中国出版人是在丹·布朗出版了第四部作品时才决定引进他的小说的。《达·芬奇密码》中译本售出了百万册以上,堪称奇迹。此后五部丹·布朗小说中译本销售之和也比不上《达·芬奇密码》,估计加上《本源》也仍是如此。

当然,奇迹之外还有奇迹,胡赛尼力压丹·布朗,《追风筝的人》(*The Kite Runner*,2003)中译本已经销售超过一千万册了。

■　你前面的梳理,对于我们了解丹·布朗作品的整体出版情况,是很有意义的背景。其实,即使在国外,很大程度上,也是因为《达·芬奇密码》这本书而带动了他其他书的畅销。我曾在几个欧洲小语种国家的机场书店,看到突出位置并列地摆放他的一系列小说;甚至在越南的书店里,也有着包括他最新作品在内的小说系列越文译本。由此也可见他的小说在全球流行的现象。

以往,我们已经谈了好几本丹·布朗的小说,其中一个很有意思的背景是,他的《数字城堡》《天使与魔鬼》《骗局》等小说居然都是与科学技术的主题密切相关的,而且还与我们所关心的像科学与社会、科学与伦理、科学与宗教等主题密切相关,再加上他的作品的可读性,所以我们会关注他和他的作品。我在清华大学开设的一门关于小说、电影与STS的课程上,也选择了《天使与魔鬼》作为学生要阅读和讨论的作品。

但这一次,我们要谈的《本源》,却另有一番意味。此书中从一开始,直到接近结尾,除了那些依旧是商业畅销小说的路数、曲折莫测的追杀和解疑悬念情节之外,居然以"生命从何而来",或者说是"生命的起源"这个颇具哲学意味的"科学发现"作为主线背后的悬念,也算得上是独出心裁了。当你把对谈的标题先定为"丹·布朗走在反科学主义的道路上吗?"的设问句,是否也与此有关呢?

□　确实与此有关。我们看丹·布朗小说在中国出版的时间线,在《达·芬奇密码》和《本源》之间的五部小说,每一部都是不折不扣的科幻小说——尽管丹·布朗自己并没有这样宣称,而且都带有明显的反科学主义立场。所以我以前经常说,丹·布朗的小说除了《达·芬奇密码》,每部都是很优秀的科幻小说。

例如,他的第一部小说《数字城堡》,据丹·布朗自己对媒体说,当时只售出 12 册,在签售活动中他枯坐了三小时,没有一个人找他签名。可是这部小说中所虚构的可以窥看全世界一切电子邮件的"万能解密机",13 年后确实在美国本土建设起来了。据美国前副总统戈尔在《未来——改变全球的六大驱动力》(*The Future: Six Drivers of Global Change*,2013)一书中披露,美国人建立了一个"世界上迄今所知最具侵入性和最强大的数据收集系统"。这个系统于 2011 年 1 月在犹他州奠基,它有能力"监控所有美国居民发出或收到的电话、电子邮件、短信、谷歌搜索或其他电子通信(无论加密与否),所有这些通信将会被永久储存用于数据挖掘"。

自己小说中想象的事物后来真的出现了,应验了,一直是科幻小说作家特别喜欢标榜的事情。丹·布朗"万能解密机"的应验,要是按照已故科幻大师阿瑟·克拉克(Arthur C. Clarke)的心性,那非得大书特书不可——它比克拉克反复标榜的那几件鸡毛蒜皮的琐事都远远重大得多。不过丹·布朗好像并不拿这些来标榜自己。

■　我觉得《本源》这部小说与你说的那几部"科幻"小说略为有所不同。因为我刚才说的那个作为主线的悬念,即"生命从何而来",基本上只是作为一个概念性的东西,而书中绝大部分情节,都是围绕着故事展开的追杀和解疑来演进的,除了其中那个似乎很可爱的人工智能"温斯顿"还算个科幻要素之外。只是到临近结束时,才出现了"超级计算中心",才在最后的关头,讲出了主人公埃德蒙的"惊人发现",即"物理定律自发产生生命",而不需要上帝,以及未来作为非生命的所谓"第七界",或者说"技术界",将会吞噬其创造者人类。

以这种"建模"方式计算出来的生命起源世界的未来,当然也可以算作一种大胆的科学幻想。至于在哲学思考的意义上,这种对"我们从哪里来?我们要往哪里去?"的回答,恐怕也算不上有特别的新意。就科学与宗教的关系来说,丹·布朗所设置的小说中一直作为悬念的那个发现,能否算作典型的反科学主义立场,我也是心存疑问的。

□　我完全同意你的感觉。事实上,当我说丹·布朗"在《达·芬奇密码》和《本源》之间的五部小说"都是科幻小说时,已经暗含了"这两部不是科幻小说"的意思。从那五部科幻小说来看,丹·布朗似乎毫无疑问行进在反科学主义的"康庄大道"上,但是我们考察他作品原版问世的时间线,就不得不怀疑,他也许只是反科学主义在某些时候的同路人。

他迄今为止最成功的小说,是第四部《达·芬奇密码》,偏偏它不是科幻小说。《本源》严格来说也不能算科幻小说了，尽管有人工智能作为道具，有"科学发现"作为悬念，但它的主题不再和科学有直接关系了，所以不能算科幻小说了。

丹·布朗写科幻小说时，他的反科学主义立场是十分鲜明的，那么当他在写第四、第七这两部不是科幻的作品时，他有没有离开反科学主义的立场呢？看来倒也没有。从人之常情来说，一个写了五部反科学主义立场鲜明的科幻小说的人，已经不可能再崇拜科学、热爱科学了。这样的人，更习惯的自然是践行田松教授"警惕科学，警惕科学家"的金句。

在《本源》中，开篇不久就被谋杀的埃德蒙·基尔希，当然也应该算科学家，但他更像一个行事高调乖张的科学狂人；而他那极尽夸张铺垫之能事的惊世发现，有点像最近美国将大使馆迁往耶路撒冷之举——引爆不同势力之间的历史积怨和现实矛盾，很有点惟恐天下不乱的样子。基尔希在小说中被描写成一个教会和西班牙王室认为需要极端警惕的人（警惕到极限就是将他杀掉），岂不正是在践行田松教授的金句吗？

■ 这样说来，我们在讨论的就是一部并非科学小说，但与此前此人作品的反科学主义立场有一定关系又存在某些矛盾的作品了。

首先，埃德蒙·基尔希，正如你形容的，确实是被描述成了一个科学狂人的形象。无论是他对高科技的开发应用，对其"科学发现"的高调宣扬，对"生命不需要上帝"的坚定确信和对宗教的极度反感与诋毁，还是那种在放荡不羁的风格中试图利用高科技手段对事件进程的控制，都体现出这种"狂人"特点。但另一方面，就像你所说的，"一个写了五部反科学主义立场鲜明的科幻小说的人，已经不可能再崇拜科学、热爱科学了"，因而在字里行间，我们不时地还是能感觉到一些对科学技术和现代化的嘲讽。例如书中这段描写："生活中那些曾经可以静思的时刻——坐在公交车上、步行在上班的路上，或者等人的那几分钟里——现代人都静不下来，都会忍不住掏出手机、戴上耳机，或者打电子游戏，科技的吸引力让人欲罢不能。过去的奇迹渐行渐远，取而代之的是对新事物无休止的贪恋。"

不过，你说小说的情节是在以极端的方式践行田松教授的金句"警惕科学，警惕科学家"，我还有点不很理解，这样的践行是代表了作者的立场？还是仅仅出于吸引读者的情节需要呢？

□　和丹·布朗以前的招数一样，他在叙述故事时自身的态度仿佛是中立或暧昧的，我们所感觉到的他的反科学主义立场，主要是通过故事本身传达出来的。比如他的《天使与魔鬼》中教皇内侍那段著名的长篇大论，简直就是一篇反科学主义的宣言，但从形式上看，那是故事中人所说，并非丹·布朗的言论。

读《本源》时我有一个感觉，好像丹·布朗有点"丹郎才尽"了。和前面六部作品相比，这第七部在思想上和技巧上都没有什么突破。当然，要求一个作家每一部作品都有突破，显然是过分的。有这些作品传世，丹·布朗作为一个畅销小说作家，作为一个科幻小说作家，都已经是非常成功的了。

况且《本源》也仍然不失为相当好看的作品，例如丹·布朗延续了每部小说以一个城市作为"工笔画"风格背景的做法，对故事发生的城市做足功课，小说中娓娓道来如数家珍。这次故事的发生地放到了西班牙的马德里和巴塞罗那，丹·布朗的功课也是做足了的。

■　我同意你的看法。这一次,似乎我们谈的观点是比较相近的。如果按照一部好看并且满足消遣要求的小说来看,《本源》也还是成功的。也确实无法要求一位作家每部小说都要成为理论性创造的经典,丹·布朗也不是专门撰写反科学主义小说的作家,他以往的作品在这方面能够有那样好的表现已经很不错了。

更何况,也像你所说的,为了使小说好看、有特色、有艺术性,他也确实是做足了功课。就像小说开头标榜的:"本书中提到的所有艺术品、建筑物、地点、科学知识和宗教组织都是真实的。"以往,因为他小说的成功,和小说中涉及的环境背景的真实与特色,出现了以他的小说情节中涉及的地点和艺术品为线索的旅游方案,也许,这本小说还会给西班牙的旅游带来一轮新热吧。

《本源》,(美)丹·布朗著,李和庆等译,人民文学出版社,2018年5月第1版,定价:72元。

原载 2020 年 10 月 14 日《中华读书报》
南腔北调(182)

为什么我们从来只说"科幻"不说"技幻"?

□　　江晓原　　■　　刘　兵

□　古人有"借他人之酒杯,浇胸中之块垒"的说法,这部《钢铁海滩》生逢其时,正好被用来充当一个这样的酒杯。这一阵我一直在思考"科学"和"技术"之间的关系,萌生了一些相当激进的想法。偏偏这部《钢铁海滩》一上来采用了展示画卷的写法,通过对生活和器物细节的描绘,来营造一个未来世界的场景。描绘中当然有丰富的技术细节——事实上可以说,科幻作品中对未来世界的营造,99% 都是通过描绘技术细节来完成的,我记忆中只有莱姆的科幻小说比如《完美的真空》是例外。于是,这一阵一直盘桓在我心中的问题,就被《钢铁海滩》再次激活了。

关于"科学"和"技术",有些人愿意将两者视为一体,有些人则不愿意。对于富有中国特色的"科技"一词,那些主张区分科学和技术的人还颇多不满,认为它助长了鱼目混珠的局面,让人分不清科学和技术了。试图区分科学和技术的努力，多年来还是颇有成效的，比如在日常生活中，人们有时会说"这是科学问题"，有时会说"这是技术问题"，我们都知道这两种说法的所指是明显不同的。又如在学术上，我们已经成功地让"科学哲学"和"技术哲学"都进入了学术话语中。我们甚至在学科名称中使用了"科学技术哲学"这样的名称，让它在客观上可以包容"科学哲学"和"技术哲学"，而没有认为只要有了"科学哲学"就可以将"技术哲学"包括在内了。

然而，为什么我们从来只有"科幻"或"科学幻想"的说法呢？为什么"技术幻想"这样的词汇至今没有被我们用来指称某些（如果不是绝大部分的话）幻想作品呢？

我提出这个问题，当然不是想找人抬杠。我认为：从来只说"科幻"不说"技幻"，这个让千千万万人见怪不怪的怪现象，其实反映了我们对"科学"和"技术"相互关系的错误认知——我们认为科学是技术的基础，技术只是实现科学理论的工具。一旦我们开始质疑上述认知，立刻就会强烈感觉到，"科幻"这个名称，对于许多作品来说可能非常不公正。

■　你提的这个问题，在我的印象中，似乎在科幻界没有什么人问过。而你之所以会提出，我想恐怕还是与你间接或者直接的科学哲学和科学史背景有关。

在国内的科学史和科学哲学领域，人们经常会提及科学和技术的差异问题。这当然与对社会上流行的"科技"这一缩略语的分析，以及在西方科学技术被引入中国，当科学成为启蒙和救亡的出发点的特殊背景，以及长期以来，尤其是当下，在许多人的心目中，谈及科学时其实首先所指的是技术相关。而在科学哲学和科学史领域中，人们则更愿意从学理的角度,分析这两者在历史上和当下的差别和相互关系,如从最初的不同的平行传统,到如今两者间越来越密切的纠缠,以及进而批判那种过于重视面向应用的技术而轻视作为基础而一时"无用"的科学的功利倾向等。但你注意到,更是来自西方传统的科幻,在英文中,science fiction这个名字,其实也往往把在其中扮演了更重要角色的技术放在科学中,而没有专门抽取出技术这个概念来,这倒确实是非常有意思的一件事了。当我们在讨论国内科学与技术的不分和混淆时,经常是拿西方来作为对比物的,难道在科幻这个例子中,反映出来的,却是人家其实也并不那么区分。其中的原因,还真是值得思考。

至于《钢铁海滩》这本科幻小说,与其他科幻小说相比,也像你说的那样,其中对于想象中的细节的描写,确实大多基于技术的进步。那么,为什么偏偏是这部小说让你又突出地联想到"科幻"而非"技幻"的问题,以及你对你提到的那种"对'科学'和'技术'相互关系的错误认知"的质疑,主要是在什么方面呢?

□ 要说这部小说呢,其实并未对科学哲学问题表现出特别的关注,我倒是感觉作者对性问题情有独钟——当然他主要是关注人类在性方面的心理状态和社会处境。小说之所以引发我上述可能有点离题的遐想,其实是一件和你我都有关的旧事。

还记得1999年你主持的《三思评论》吗？我迄今为止写过的唯一的科幻小说《公元2050年：令狐冲教授平凡的一天》就是你为《三思评论》向我约的稿,不幸的是《三思评论》过早地寿终正寝了,所以我那篇小说后来发表在2000年的《书城》杂志上。在这里我想冒着被"恬不知耻"的口水喷射的巨大风险指出：《钢铁海滩》的结构和风格,在某种程度上和《公元2050年:令狐冲教授平凡的一天》有相似之处——通过对各种各样琐事的不厌其烦的描述,来展示某个时代的画卷。当然,对于一篇几千字的短篇小说而言,这样的琐事总共也容不下几桩,这和《钢铁海滩》的丰富不可同日而语。

我冒这样巨大的风险并非完全无谓,因为只有这样才能回答你的上述问题:《钢铁海滩》为什么激发了我对于科学和技术相互关系的遐想? 这是因为,《钢铁海滩》让我联想到了《公元2050年:令狐冲教授平凡的一天》和《三思评论》,而《三思评论》正是一个游走于科学史和科学哲学边界上的刊物(这有已经出版的两卷可以为证),它让我的思绪瞬间重回最近正在思考的问题上了,所以《钢铁海滩》才会激发我的上述遐想。

现在让我们回到小说本身吧。对于小说中所着重描绘的月球世界,作者在叙述时似乎是"价值中立"的,所以小说也就给人以"依违于乌托邦和反乌托邦传统之间"的感觉,对于这个问题你怎么看?

■　我也还记得你写的那篇科幻小说,里面的叙事确实是以你想象中的令狐冲教授在未来某天的种种琐事串联起来的。之所以会有这样的联想,或许是因为你觉得那些未来的、与我们今天颇为不同的琐事,其实主要是与技术的可能发展相关。但说到在科幻小说中科学和技术的关系,再加上科学哲学和科学史的思考,可能要更加复杂一些。例如,在刘慈欣的《三体》中,其核心的出发点,也还是将(基础)科学研究和技术关联起来,因而才会有像用智子锁定地球人类发展科学的情节设定。

不过,再联系到你后来提出的问题,即对于这部小说的感觉是不是体现出作者的一种"价值中立"的立场,我倒有些略为不同的想法。

我觉得在这部小说中作者那种絮絮叨叨不厌其烦地讲述未来种种与当下大不相同的琐事,只是一种文学的叙事风格而已。对人类在未来某些可能、然而也可怕的前景,作者称为"未来史"。在这样写作时,其实还是表现出了作者的某种立场和价值取向,只是隐藏在字里行间,通过种种琐事来隐晦地表达的。

此书厚厚两本,也许最初读起来颇有些不得要领和略感沉闷,但坚持下去,会发现展开的情节愈发引人入胜,甚至会有侦探推理小说般的阅读感,最终的主题又是落在人工智能上,也只是在坚持阅读到临近结尾时才会让人意识到它也很有推理小说最后揭秘的味道。尤其是,在最后主人公和"中枢电脑"的对话中,发现像中枢电脑的种种控制以及故障灾难等,更会表现出来作者的立场。此外,顺带又可以提及,当人工智能成了小说背后的主线时,科学和技术的关系问题不也就同时存在了吗? 人工智能究竟算是科学还是技术?

□ 哈哈,这个问题好像也从来没见人问过呢! 按我现在的认识,我认为人工智能当然是技术。仔细想想,在人工智能的发展中,我们甚至都看不到"科学"的影子。

让我们先看一个例子,比如说航天技术(这是《钢铁海滩》故事中的基础),我们可以认为它是有万有引力理论"支撑"的。如果只看从万有引力开始往后的时间线,上述结论似乎是顺理成章的。但是如果我们将时间线再往前延伸,中国人发明"火箭"时肯定远在万有引力理论出现之前,那时没有万有引力这样的"科学理论"作为"支撑",可是中国人也已经知道向后喷射物质可以将物件向前推送。这个例子可以有广阔的引申意义,可惜这显然偏离了我们这次要讨论的主题。

而在人工智能这样的技术中,我们迄今甚至看不到一个能够像万有引力"支撑"航天技术那样的理论。也许人工智能(哪怕是《钢铁海滩》中想象的人工智能)还只处在相当于航天技术之于中国古代"火箭"的阶段。

让我们再次回到《钢铁海滩》的故事上来吧——真不知道这片海滩为什么那么容易引发我的离题遐想——也许这正是这部小说具有强烈"启发性"的表现? 仅就故事桥段而言,小说最后主人公和"中枢电脑"的对话,很容易让人联想到影片《黑客帝国》和《雪国列车》中的类似情节,也许约翰·瓦利也在搞"致敬"吧?

■ 说是"致敬"也未尝不可。但这样的致敬,恰恰又把人们拉回到与《黑客帝国》或《雪国列车》的关联中,也就更印证了作者并非"价值中立"地在写作。

依然像你说的,此书可以有许多让人联想的地方,也有诸多让人借题发挥的可能。你前面说到,你感觉此书作者对性问题情有独钟,确实书里性的问题潜在地贯穿在故事情节展开的始终。就此而言,像书中所想象的那种可以让人通过"技术"手段将性别变来变去,以及相应地表现出来的性观念,似乎也很可以作为将你的性文化延伸到科幻领域的话题呢!

不过,除了种种突出的技术特征之外,我觉得人工智能还是包含了相当的科学成分,尤其是像认知科学、脑科学、计算机科学等,也都是其重要的支撑。这似乎应该是科学和技术在当代难以明确分割的表现。但从观念、从伦理的角度来看,此书所描述的那种与未来科学和技术发展相关的、与今天大为不同的生活方式,是否会为我们当代人所能、所愿接受,就是另一个重要的问题了。因为毕竟这样的生活颠覆了许多我们今天的伦理准则。

　　虽然也有认为科学必须尽快发展的人会辩护说,伦理准则并非一成不变,而且要因科学和技术的发展和应用而改变,不过,当我们在谈伦理和价值时,无可回避的前提,是每个谈论的人都有其在当下认可的一些伦理价值标准,而不是无原则地、随波逐流地接受任何因科学技术发展带来的可能的新伦理价值。否则,这就不是一个需要被讨论的问题了。但要害在于,分寸究竟应该如何把握? 虽然不同的人即使在当下也可能会持不同的伦理立场,但是否有些底线的标准依然还是存在的? 至少,在我的感觉中,生活在此书所设想的那个社会,绝非我所愿。但那又是科学技术的发展带来的可能的生活,是不是也有人急不可耐地恨不得明天就过上那样的生活呢? 也许这部小说的价值之一,就是让人们不得不去思考这些问题。

　　《钢铁海滩》,(美)约翰·瓦利著,(加拿大)仇春卉译,新星出版社,2020年6月第1版,定价:92.80元。

原载 2021 年 10 月 13 日《中华读书报》
南腔北调（188）

莱姆说他写的不是科幻小说

□ 江晓原　■ 刘　兵

□　今年正逢波兰科幻作家莱姆（1921—2006）百年诞辰，中国出版界迎来了莱姆科幻作品中译本的批量出版。这次译林出版社同时推出了莱姆的6种作品：《索拉里斯星》《未来学大会》《惨败》《无敌号》《伊甸》《其主之声》。浙江文艺出版社推出了莱姆的《机器人大师》。而据我所知，至少还有两家出版社即将推出莱姆的《完美的真空》《莱姆狂想曲》《太空旅行者回忆录》等作品。这些作品中的《索拉里斯星》和《完美的真空》，以前已经引进过（商务印书馆，2005）。可能还有过某些莱姆作品的零星引进，我们两人主编的《我们的科学文化》第4期《科学的算计》（华东师范大学出版社，2009）中还登载过莱姆接受一个法国作家的长篇访谈。

在译林引进的6种莱姆作品中，《索拉里斯星》当然最有名，有两部根据它改编的同名电影：分别由苏联塔可夫斯基（1972）和美国索德伯格(2002)导演。其次或许就要算《未来学大会》了,它也有据此改编的同名法国电影(*The Congress*,2013)。影片是真人和动画的混合体,这种形式在电影中虽然早已有之,但相对比较少见。

莱姆生前曾表示:"我没把自己当作一位科幻作家。"1981年他还说过:"在好几年以前,我就再也不读科幻了。"这当然可以理解为莱姆的自负——他羞于与科幻作家群体中的芸芸众生为伍,想把自己和他们区别开来。事实上,在科幻圈中这种说法并不罕见,不止一位科幻作家自称写的是"哲学小说",迪克(P. Dick)的经纪人也强调"迪克是主流作家"。也许这些人都觉得"科幻小说"不够高端,所以希望和"科幻小说"拉开距离。

不过对于莱姆来说,即使他的上述表白也属于"未能免俗",然而凭莱姆在《完美的真空》《索拉里斯星》《莱姆狂想曲》等作品中展示的思想深度,我觉得我们完全有理由同意他写的不是普通的科幻小说,而是"哲学小说"。

■　我开始读莱姆的作品,还是从商务印书馆出的那两本书,即《索拉里斯星》和《完美的真空》开始的。一读之下,就被莱姆所吸引,觉得他的那种想象力确实远超我所读过的诸多其他科幻作家。

这里还让我联想到几件相关的往事。其一,是我曾在清华大学的课上给学生放过美国和苏联版的电影《索拉里斯星》。我还记得,到现在有时学生还会记起此事。当时就有学生觉得苏联版的电影除了叙事节奏太慢之外,甚至有种看恐怖片的害怕感觉。其二,是七八年前,我曾建议我的一个博士生以莱姆为对象撰写其博士论文,可惜由于种种原因,这篇论文最终还是未能写成。其三,是10多年前,我曾写过一篇名为"科学史也可以这样写——评《历史上人类的科学》"

的文章,刊载在你我主编的《我们的科学文化》第7期《好的归博物》中。我在文末附录中写道:"此文是在'新斋老蒋'蒋劲松的建议下,以及在刘华杰教授的鼓励下,才能够写出的效仿波兰著名作家莱姆在其《完美的真空》一书中的书评式样的新书评。在此,作者谨向两位有想象力的先生表示感谢!如果哪位读者没有读过莱姆的那本书评集,或是不了解其中写作内容和方式的读者,却在读过本文后,欲寻找这本《历史上人类的科学》来阅读,敬请其先阅读莱姆的那本著作:《完美的真空》。"因为这本来就对那本根本不存在的《历史上人类的科学》的虚拟书评,只是借题发挥用来说事的。后来你又博客上转贴了这篇"书评",还加了按语:"刘兵此文,标新立异,暗藏玄机,故特转载于《好的归博物》,供同好欣赏把玩。"不料还真有不少读者上当,一直追问哪里有这本书。

你谈到的莱姆说他没把自己当作一位科幻作家的事,也许就真是像你所分析的那样,即"他羞于与科幻作家群体中的芸芸众生为伍",不过,今天我们再看莱姆,还是会把他的作品归类于科幻。他的说法,其实也就是力图将自己和其他那些他看不上眼的科幻作家区别开来而已。当然他也是有资格这样做的。他的作品的哲学意蕴也确实独树一帜。或许这与你平常心目中不太看得起那些过于"幼儿化"的科幻,也有某种相似性吧。

□ 莱姆生活的年代(1921—2006),绝大部分处在"冷战"时代。他作为一个波兰人,经历了三段不同的社会:他出生、成长于成为社会主义国家之前的波兰,但他一生中大部分时间是在社会主义波兰度过的,而在苏联解体、东欧变色之后,他又在波兰度过了人生最后的15年。莱姆有不少亲人死于纳粹德国之手,但莱姆在冷战时期有不少作品以德语出版。莱姆去过欧洲不少国家旅行,但他从未去过美国,而且似乎对美国还相当不屑。

莱姆最值得注意的一点是,他虽长期生活于社会主义的波兰,但他的科幻作品却能够同时被冷战双方的阵营所接受。莱姆在波兰也算生活在社会上层,生活条件不错,也没有受过什么政治迫害。而与此同时,他的作品也经常在西方世界出版,同样受到相当程度的欢迎。这种"东西方通吃"的状况,在冷战期间是少见的。苏联和美国先后拍摄了影片《索拉里斯星》就是这种"东西方通吃"的有力例证。

莱姆靠什么做到"东西方通吃"呢?这让我想到我以前说过的一段"金句":见人说人话,见鬼说鬼话,这不算高明,最高明的境界是,当人和鬼同在现场,你只说一句话,这句话人觉得是人话,鬼觉得是鬼话。莱姆的科幻小说,差不多就达到这种最高明的境界了。

我们就从译林这次推出的六部作品来看,莱姆总能够巧妙地回避意识形态的争论和站队。而且,他作品中经常夹杂着嘲讽,嘲讽官僚主义,嘲讽形式主义,嘲讽他自己……他的这些嘲讽,也许就能够让冷战双方都感觉他在嘲讽对方阵营。

■ 你这里所说的,主要还是他的叙事语言方式,《机器人大师》我看了一部分,是有些这样的感觉。但在这样的语言表达背后,我觉得他的思考很有别于其他科幻作家,这似乎是一种隐约的感觉,他的思维的方式总是非常独特,而且有你所喜欢的那种特点——对未来以一种调侃的方式表达的悲观基调。

这次推出的6种莱姆的作品里,我只来得及读完了《未来学大会》,加上原来读过《索拉里斯星》,也算读了其中的两种吧。我觉得,《未来学大会》的基调与我原来的设想很一致,但其想象力同样惊人。

他对未来的设想，与《黑客帝国》相似，同样是建构出虚幻甚至多重虚幻的、可能某些人会喜欢但却会令更多的人感到恐惧的世界图景，只不过莱姆以化学药物作为实现这种虚幻的手段。其匪夷所思的程度实在是令人叹为观止，不过在逻辑上却也更加直接，更易于为读者所理解。那些在未来出现的"新词"，令人不禁联想到《1984》中的"新话"，只不过这不是在意识形态的操控下，而是在未来的技术发展的支撑下所出现的荒谬。在这背后所体现的对未来的悲观，则更为直观生动，也更加深刻。

《未来学大会》显然非常难译，尤其是那些作者在惊人的想象中造出的新词，可以说翻译是比较成功的。但此书译者在其"译后记"中的一段话值得注意："我希望未来人类不要只顾在地面上开这些脑洞娱乐自己，而是要保持向外开拓的好奇心和雄心，毕竟外面的宇宙那么广阔，还有那么多的奥秘需要探索，那么多的谜团需要解开。走出这个星球，也算是走出这个世界的第一步吧。"你是否觉得这样的说法，与莱姆本人在小说中的倾向正好相反？或者，不同的读者能从其中读出不同的含义？

□　考虑到莱姆非常喜欢宇航题材，我想"星辰大海"应该是莱姆真心向往的。"译后记"中说，译林出版社这次推出的6种小说中，5种都是关于人类和地外生命接触的故事，也能从侧面支持这一点。

莱姆的小说作品，我以前只看过两部：我对《索拉里斯星》发表过影评，对《完美的真空》发表过书评。前不久又看过一部：我刚刚给即将推出的莱姆小说集《莱姆狂想曲》写了中译本序。莱姆作品最让我激赏的，是他的思想超出了大部分科幻作家通常所能够达到的深度。这里我必须举一个例，它出现在《完美的真空》中。

关于外星文明问题中的"费米佯谬",迄今已有至少75种解答,莱姆的想法可视为解答之一,但其思想力度为大部分解答望尘莫及。莱姆提出了"宇宙文明的存在可能会影响到可观察宇宙"的惊人想法,认为人类今天所观察到的宇宙,有可能是一个已被别的文明改造过的宇宙,因为高度发达的文明可以改变、制定宇宙中的物理学定律。莱姆设想,某些高等文明在宇宙资源的争夺中,有可能达成某种共识,并制定某些物理规则。对于这些规则,莱姆至少设想了两条:

一、光速限制。超越光速所需的能量趋向无穷大,这使宇宙中信息传递和位置移动都有了不可逾越的极限。二、膨胀宇宙。在不断膨胀的宇宙中,尽管新兴文明会不断出现,但永远有广漠的距离将它们分隔开。

莱姆认为,如此规划宇宙,目的是防止后来的文明相互沟通而结成新的局部同盟,膨胀宇宙加上光速限制,就可以有效排除后来文明相互"私通"的一切可能,因为各文明之间无法进行即时有效的交流沟通,就使得任何一个文明都不可能信任别的文明。比如你对一个人说了一句话,却要等8年多(这是以光速在离太阳最近的恒星来回所需的时间)以后才能得到回音,那你就不可能信任他。

这样,莱姆就解释了地外文明为何"沉默"——因为现有宇宙"杜绝了任何有效语义沟通的可能性",所以这些参与制定了宇宙物理学规则的高等文明必然选择沉默,因而它们在宇宙中必然是隐身的。

■　你一直对与外星文明存在问题相关的"费米佯谬"感兴趣,还写过不少文章,从你这里所说,显然莱姆很早就对此问题有独到的观点,这也印证了其科幻小说思想的深度。

当下,科幻在中国似乎已经热起来,但国内除了少数最顶级的科幻作家和作品之外,能够达到很高水准又真正具有思想性的作品还为数不多。就世界范围来说,莱姆应该算是最顶级的科幻作家了。莱姆作品的批量翻译引进,希望能为中国科幻竖起一个标杆。

不知道在现今情况下,莱姆的作品会有多大的市场。但不管怎样,能够有机会让中国读者看到这么多部中文版的莱姆作品,这肯定可以算是中国科幻史上的一件大事了。

《索拉里斯星》《未来学大会》《惨败》《无敌号》《伊甸》《其主之声》,(波兰)斯坦尼斯瓦夫·莱姆著,靖振忠、许东华、陈灼、罗妍莉、续文、由美等译,译林出版社,2021年8月第1版,定价:49+42+58+45+48+46=288元(全6册)。

原载2022年4月20日《中华读书报》

南腔北调(191)

《造星主》：重温科幻经典的意义

□　江晓原　　■　刘　兵

□　小说《造星主》被圈内人视为科幻经典。先前我没注意过此书，毕竟它初版于1937年，如果不是此次出中译本，作者斯特普尔顿在中国也已很少有人知道了。在现代媒体作用下，"江山代有才人出，各领风骚数百年"的光景肯定是不会再有了，层出不穷快速迭代的网红们能领风骚三五年就不错了。正因为如此，本书的译者宝树——他本人也是一位活跃在当下的科幻作家——写了一篇很长的译序，相当详细地介绍了斯特普尔顿其人其书，对读者帮助不小。

不少西方科幻作家可能觉得科幻小说不够高端，喜欢否认自己写的是科幻小说。对于自己作品的定位，他们比较喜欢用的一种说法是"哲学小说"。考虑到在任何有思想的科幻小说中都会有哲学的影子，这种姿态虽是虚荣心的表现，但也往往能够言之成理，所以连一些被誉为"伟大"的科幻作家也未能免俗。如果按照这种标准，《造星主》被称为一本"哲学小说"倒是当之无愧的。

　　所谓"哲学小说",一个常见的重要特征就是不容易卖掉。译序说《造星主》终作者有生之年(1886—1950)销量没到5000册,这个销量对于"哲学小说"来说确实是合适的。比如试读它的第1章,整个就是意识流风格的哲学呓语,除了几句关于他和妻子初识的回忆(那时他妻子才9岁),没有任何故事,甚至也没有对后面故事的铺垫。

　　对于这样一部当时不叫座后世却叫好的作品,在它问世85年之后来重温,确实是件饶有兴味的事情。

　　■　一开篇你就谈及两个对于理解科幻小说来说很重要的问题。其一,涉及对科幻小说的定位或者说分类;其二,究竟何为经典。

　　最近正好我和我一个研究科幻史的学生刚投出一篇关于英美科幻定义的历史演变与相关争论的论文。据我们的考察,在1937年时,对科幻的定义还基本处于初期的狭义阶段,对科幻的理解大致还是强调其融合了科学事实和预言性的想象,而真正有更多的定义和争论,还是在此阶段之后。所以,当我们说一部历史上的作品是否是科幻时,有时依据的是当时作者或读者的理解,有时依据的却是后来出现的对于科幻的新认识,而后者又经常成为撰写科幻史的选择标准。就像如今较多将玛丽·雪莱的《弗兰肯斯坦》作为科幻小说源头的说法,除了在学界仍有争议之外,19世纪的玛丽·雪莱是否会想到或认为她是在写一部"科幻小说"呢?

　　我不太清楚的是,当你说你认为《造星主》是一本"哲学小说"时,这是你的说法呢?还是《造星主》作者本人的说法?当然,如果按照今天大部分科幻史的写作来说,它属于科幻小说当然是无可争议的,毕竟这次的中译本,也是被收入"世界科幻大师丛书"系列中。至于在文学作品中,何为经典,以及更特殊地,在科幻小说中何为经典,我想,也应该是我们这次对谈中要继续展开的话题。

　　□　说《造星主》是"哲学小说"是我的说法,斯特普尔顿有没有说过我不知道。不过这里我想先谈谈你的第二个问题——究竟何为经典。仔细想来,这其实也是一个相当坑人的问题。

　　我看到,被我们在今天称之为"经典"的作品,往往符合这样一个条件:在很多年之后仍然有很多人在读它或购买它。比如《红楼梦》,至今仍在出版和销售,大家通常都同意它是文学经典,尽管你现在真要在身边找一个正在读《红楼梦》的人其实非常困难。按照这个条件,《造星主》能不能被称为经典是很成问题的。首先它肯定没有《红楼梦》那样的文学史地位,其次我也不相信如今它在英语世界的读者会及得上《红楼梦》在中文世界的读者。

　　但是我为什么仍将《造星主》称为经典呢? 那是因为还有另一个条件能够让一些作品在后世获得"经典"的地位。那些作品其实在后世很少有人读,也很少被出版,但是,它们被一些名人——著名作家、著名政要、超级富豪、公认经典作品的创作者等——誉为经典,这会导致它们仍然不时获得出版的机会。

　　我猜想《造星主》就是一部这样的作品。例如它曾获得弗吉尼亚·伍尔芙、伯兰特·罗素的盛誉或赞许。读伍尔芙或罗素作品的人,肯定比读《造星主》的人多,当某个时候有出版社注意到《造星主》曾被伍尔芙和罗素盛赞时,就会愿意将它作为经典作品来出版一次。

　　■　按你说的第二个条件,实际上似乎意味着"经典"是一种被名人建构出来的东西。而按照你说的第一个条件,则仍然可以追问:

"为什么在很多年之后仍然有很多人在读它"呢？也许,因为被名人盛赞过,从而可以不断被再版,被认为是经典,所以要成为有文化的人,就需要去读,这也可以是一种解释。不过这就又循环到第二个条件了。

但也许还可以再补充一些其他的对某部作品成为经典的解释,也许,确实因为许多人读了,觉得有意思,有感悟,或有收获,因而口口相传地流传下来,在有了这个市场之后,自然出版商也就会愿意重版。

也许,有些经典就像你所说的,其实在现实中其实并没有多少人实际在读,或者因为种种原因读不懂或不好读——这样的例子应该有很多,比如《尤利西斯》——但因为许多研究者认为有价值,从而将其建构成经典,于是就进入了许多人会知道,一些人会出于各种原因而购买但并不真的阅读,出版商又一直不断重印的持续循环。

还有,因为某部作品确实有开创性,尽管由于后续的发展变化而不再适应新的阅读习惯和需求,后来的人们几乎不太去读,但也还是会承认其经典的地位——像科学领域中牛顿的《自然哲学之数学原理》恐怕就属此例吧。

不过,至少在那些实际上还被经常阅读的那些经典,我觉得还有另外一个特点,就是其中潜在地存在很多的对之进行解读的可能性,不同的读者在其中会获得不同的感受、发现和收获。总之,我承认要严格地定义何为经典,以及解释一部著作为什么会成为经典,这确实是一个极为困难的(或像你所说的"相当坑人"的)任务。

但《造星主》是否是因为它在科幻史上具备了某种开创性,而后来又再被发现而建构成了"经典"呢？你对科幻史要更为熟悉,你对此有何评价?

□ 其实成为经典的各种条件,还是有着内在相通之处的。就《造星主》而言,确实能够在其中找到某些开创性的元素,比如译者指出的,《造星主》中出现了"戴森球"这个想法的先驱。考虑到"戴森球"是人类关于未来能源最壮观、最环保,也是相对最靠谱的想象,如果《造星主》真的是先驱(即在戴森提出这个概念之前,除了斯特普尔顿没有别人提出过),那还是值得载入史册的。这和 H. G. 威尔斯1914 年的科幻小说《获得解放的世界》是原子弹想法的先驱,算是异曲同工了。但这类例子仍只是科幻作品的所谓"预见功能",在思想性的标尺下还是不足道也。

如果要在《造星主》中找更有说服力的"开创性"例子,倒也确实可以找到。例如,多重宇宙(多世界)的概念,如果从科学上说,那只能是爱武烈特(Hugh Everett)在 1957 年的博士论文中首先提出的,但是在 1937 年的《造星主》中,已经有了明确的先驱——因为斯特普尔顿明确说造星主创造了各种不同的宇宙。这种观念在第 15 章"造物主及其作品"中表达得最为直接。

顺便说说这第 15 章,译者将第 13—15 章称为本书的"至高时刻"——这是斯特普尔顿自己的用语,其实就是他又抛开了故事,转入无休无止的意识流色彩的哲学论述了。这种论述的风格,让我想起了莱姆一些作品中的段落。作为科幻小说家,莱姆比斯特普尔顿晚出生 35 年,从"辈分"上说至少晚了一代人,假定他的文风影响了莱姆,考虑到莱姆在科幻史上的地位,那或许也能算斯特普尔顿的某种"开创性"吧?

■ 除了像预见功能等你我都不太愿意多讨论的特点之外,如果就这本书的写作方式来说,其实它的故事性并不强,甚至很弱,在这种意义上,也可以说是对大多数读者而言它不一定很有可读性,但也可以算是一种风格吧。而且这种风格也确实符合你所说的"哲学小说"。如果就开创性而言,在科学概念上的开创性(其实也就是你所说的预见功能之一),那本来应该是科学家们做的事,也不一定就是科幻小说家所特别要做的,否则,那科幻小说家就取代科学家了。

我在说开创性时,其实主要想到的,反而是作为文学作品在类型上的开创性。如果具有这样的开创性,那被称为"经典"也就言之成理了。你至少提到了他那种在文风上"无休无止的意识流色彩的哲学论述",甚至可能影响到了莱姆。除此之外,是否还有其他在科幻小说类型意义上的开创性呢? 比如与他之前和之后在关于星际旅行主题的科幻小说相比? 在这方面,你看过的科幻小说要比我多,不知是否可以评判一下。就我有限的见识,我觉得作为全书核心支撑的作者设想的那种有点像"元神出窍"的"非物质性的心智旅行"倒是挺有创意,不知是否能算一种设想类型的开创?

另外,我感觉,就思想性来说,在书中,作者的议论中,其实对于科学的有些评判,也还是很有些保留的。而且,还有一个重要的问题我更想听听你的观点,作为书名出现,而且在书中屡屡出现的关键词"造星主",到底指的是什么?

□　以我有限的见闻所及,你说的《造星主》中类似"元神出窍"的旅行,好像未见继响(可能后来阿瑟·克拉克的小说中有过类似的意象,未及细究)。影片《黑客帝国》中的"元神出窍"有没有受斯特普尔顿想象的启发,也很难说,感觉不是一回事,可能《黑客帝国》更激进。至于"造星主"到底是什么,译者认为它"既是无限的物质,也是无限的精神",因而"仍然很接近传统的上帝形象",这从本书那些"哲学章节"(比如第15章)也很容易得到印证。

从总体上看,我不得不认为《造星主》是一部相当不好读的作品,难怪它终斯特普尔顿一生没有售出5000册。我在肯定它作为经典科幻作品的同时,也不能不对读者说实话。作为一部当之无愧的"哲学小说",它注定会得到一部分小众读者的青眼,并且因此而获得长期流传的幸运。

■　我同意你这个判断。好在众多的经典著作也都同样存在着不好读的问题,或许这是经典作品的通病吧?但既然已成经典,那就会继续流传下去,让那些哪怕只是小众的喜欢或需要阅读的群体,还有若干也会买来但却并不阅读的人,去阅读或收藏或摆摆样子——这又何尝不是书的另一种功能呢?

对于真正的科幻迷,以及对于关心科幻的研究者们,经典还是绕不过去的。

《造星主》,(英)威廉·奥拉夫·斯特普尔顿著,宝树译,四川科学技术出版社,2021年11月第1版,定价:64元。

原载 2022 年 6 月 22 日《中华读书报》

南腔北调（192）

《病毒》：一个出人意表的故事

□　　江晓原　　■　　刘　兵

　　□　　德国人卡琳·莫林的《病毒》一书，原著初版于 2017 年，中译本是根据增订版翻译的。作为三联书店"新知文库"中的第 143 号，这当然是根据已有工作程序多年来持续执行的结果，巧的是出版时间正和某些热点争议重合，尽管这并非刻意迎合的结果。

　　本书作者看来是一个倾诉欲相当强的人。她在本书自序中说，有同事认为此书既有科学家的侦探故事，又有相关科学发展的通俗解说，还有哲学探讨，对这样的评价她当然笑而受之了。但还有人认为她只是"写了一本睡前读物，就如他 5 岁的时候喜欢听奶奶讲的那种"。这样的评价要是放到某些中国学者的书上，那学者非和你急不可。但是莫林对此也未置可否——她暗暗高兴也说不定，因为这至少表明她的书在通俗方面是已经做到家了。

　　作者在本书开头就特别强调，关于病毒，我们长期习惯的故事都将它视为使人致病的恶魔,"医学史上对病毒的记述一边倒,即把它描述成各种疾病的根源"。然而这样的认识是严重落后于科学前沿现状的——"当今,病毒学研究的重点更多地放在其有益功效上,而不再注重研究病毒如何使人患病"。

今天的病毒学研究为什么会变成这样?作者先给了一个理由:病毒长久以来一直在人类身上和周围环境中存在着,很可能"从宇宙洪荒之时就存在了。在整个生物进化过程中,病毒构成了我们人类,调控着基因的功能"。这个理由初听起来并不雄辩,甚至会让人感觉有点答非所问,但作者后面的叙述,还是能够让读者接受这个理由——至少我是接受了。

■　我们在这个时机谈这本书,也算是一种机缘吧。与以往几十年相比,可以说在这两年,人们话语中"病毒"这个词出现的频率要远远高得多。这种情况,即因为灾难的发生而使得大众普遍接触和开始谈论某个科学概念,似乎是一种科学传播的特殊规律——当然这一规律的前提是很不幸的。类似地,"核酸"也是一样,更早一些,伴随着奶粉事件而让"三聚氰胺"这个普通人在日常生活中应该很难接触到的化学品名称,也变得家喻户晓。

但那种科学概念的科普也有局限,因为那样的普及往往会带来以偏概全的误解。我们完全可以设想,当下在绝大多数人的心目中,病毒的形象是什么样子?恐怕也都是危害人类万恶不赦的可怕敌人。在这样的背景下,我想我们现在谈这本书,对于许多人来说可能会是非常吸引眼球的。

我对这本书时的主要印象有两点:一是因作者的研究经历和专业背景,会提出一些很有冲击力的观点;二是此书的绝大部分篇幅都是在琐碎地谈论作者个人的研究经历和相关故事,虽然在最后,作者也提到了新冠病毒,但毕竟因为写作此书主体时,还处在新冠疫情之前,考虑到疫情后来的曲折发展和种种故事更多是此书初版之后的事,作者倒没有对新冠病毒谈出什么特别让人印象深刻的内容。

　　那么,我们的对谈应该把重点放到什么地方呢?

　　□　　你的感觉是敏锐的,"此书的绝大部分篇幅都是在琐碎地谈论作者个人的研究经历和相关故事",这是西方流行读物常见的手法,要不怎么会有人说这书是"睡前读物",而且是老奶奶给5岁萌娃讲的那种呢? 至于第13章"新型冠状病毒大流行",考虑到本书初版于2017年,这一章显然是作者在增订版中加上去的。这种做法在中外出版活动中都很常见,一些与科学有关的书籍更喜欢以此来显示"与时俱进"。

　　我们对谈的重点,显然应该放在本书的主脉络上——作者向我们许诺的关于病毒的另一个故事。莫林为了吸引读者,在书中讲了许多个人故事和八卦,而你我作为"替人读书"的积年老手,当然有义务透过这些故事和八卦,将她叙述的主脉络揭示出来。

　　现在就让我们先回到莫林的主脉络上来。书里有一组数字给我印象深刻:

　　目前地球上的人类数量是 10^{10} 量级(不到100亿),宇宙中的恒星数量是 10^{25} 量级(天文学爱好者可能会有异议,但在这里无关紧要),我们已知的细菌数量是 10^{31} 量级,我们已知的病毒数量是 10^{33} 量级。

　　这组数字的意义何在? 首先是强调细菌和病毒的无处不在,"我们的身上和周围环境存在大量的微生物",包括细菌、真菌、病毒。"这些病毒和细菌遍布于我们的皮肤、口腔、生殖器、脚趾、指甲和产道,可以说人体每个地方都由特殊的细菌和病毒组成。"作者还引用2001年《自然》(Nature)杂志上讨论人类基因组的长篇论文,指出在人类遗传物质(基因组)中,病毒竟占据了一半的份额。

这些数据信息当然是为"关于病毒的另一个故事"服务的。在先前我们熟悉的病毒故事中,病毒就是让人生病的恶魔(在一些情况下这确实是事实)——我们用"病毒"来对译Viruses,本身就是这个旧故事的直接反映。如果按照莫林的观点,显然应该挑选一个较为中性的词汇。而在新的病毒故事中,病毒在很多时候并不伤害人类,反而为人类做了不少有益的事情。

■　是的,这确实是作者的核心观点。作为一位专业的病毒研究者,莫林掌握的前沿科学知识显然与公众通过大众传媒所获得的一些认识有所不同,当她来做普及性科学传播时,便会试图纠正公众在有关问题上的认识误区。此书所讲的关于病毒的看法就是一例,这也是专业作者加盟科学传播的意义之一吧。

但我们同时也应该可以理解,毕竟公众和科学家对问题的关注点有所不同。公众会更关注与他们的切身感受、切身利益直接相关的内容。就以病毒来说,他们当然会更关注会使他们患病的病毒,也更有兴趣了解有关的知识。而对于整体的"病毒"概念及其利害,自然不会天然地有更大的兴趣。但科学传播除了更有实用意义的内容之外,还有对知识体系和文化积累的价值,这就会要求传播者不只限于实用的知识,而要关注更多的内容。也许,这也可以是这类由科学家撰写的传播读物的意义吧。

如果以这种思路来看,我觉得在此书第一章中,更多表达了对病毒认识中更带有观念性的观点,涉及人们对于整个世界的理解。而且,其中病毒对于生命进化的意义,或许是最为突出的,而且在后续的章节中还延续穿插了有关讨论。类比的话,其实进化论等理论也没有什么特别的实用价值,但对于人们的世界观却影响深远,而对于病毒在整体意义上的理解,或许是可以有这方面的传播价值的。

□   关于病毒对于生命进化的意义,作者可以说是"一篇之中三致意焉"。比如在"最初的生命是病毒"这一小节中,作者简单讨论了生命的最初形态,她认为:"最初的核糖核酸在某种意义上说是一种裸露的病毒,更确切地说,是一种类病毒。"她还介绍,她发表过题为《病毒是我们最古老的祖先吗?》的文章。她甚至认为可以这样说:"哪里有生命,哪里就有病毒。"

作者强调最初的生命是病毒,自然会引向"病毒究竟是什么"的问题。"病毒"这个来源于拉丁语的词汇,原意是植物的汁液、黏土或毒药。如果要给出比较"科学"的定义,莫林认为"病毒是可移动的遗传元件"是一个"可能有意义"的定义。

我感觉,在莫林眼中,病毒几乎可以说是一种智慧生物。例如她在讨论病毒与宿主的关系时,指出病毒当然可能导致宿主患病,但害死宿主显然不符合病毒自身的利益——宿主死后宿主身上的病毒也无法存活下去。所以,"病毒会做出新的调整,从寄生变为共生,共生往往是互惠互利的,这对病毒和宿主都有益处。如果病毒帮助宿主更好地生存,那同时也增加了病毒自身以及后代的存活概率。共同进化可以让病毒来势不那么猛烈,毒性不那么强。"莫林这段论述中的观点,在许多研究病毒的论述中并不罕见。

■   在我的阅读感受中,觉得莫林是在说,我们其实是生活在巨大的病毒海洋当中，不管是否愿意，都无法回避病毒。当然，按照前面的讨论，病毒学家也可以认为病毒对于生命进化意义非凡，而现实地讲，少数特殊的病毒也确实会给人类带来危害。不过值得注意的是，她在讲病毒的"社交行为"时，特意指出她拒绝使用"战争"这个词，而且"对病毒的行为做人性化的描述也是不当的，因为不能粗暴地定义为是好的或是坏的"。但尽管如此，关于病毒和宿主的相互作用仍然是值得思考的。

以往，由于一些历史著作、新闻报道、影视作品乃至科普作品的传播，为病毒建构了一幅可怕的形象。人类与病毒间你死我活的战争意向也在社会公众中普遍存在。而像我们在谈论的这本由病毒专家所写的书，对于这种病毒的形象和人与病毒之间关系的意象给出了某种解构，这应该是有意义的"科普"。但我也倾向于相信，要真正彻底地改变公众长期以来形成的关于病毒的观念并非易事，靠仅有的一两本这样的普及性著作显然是不够的。

□ 一两本书肯定是不够的。最近我恰好看到有人写文章谈论另一本关于传染病和人类历史的书，文章用了"那些不能杀死我们的，将使我们更强大"这样的标题，通常这种标题当然都是用在和病毒你死我活的"战争"叙事中的，然而作者在文章中说："那些不能杀死我们的，将使我们更强大，这句话也同样适用于病毒。"这真是一个发人深省的看法，而且对于莫林拒绝使用"战争"这个词的立场，也提供了一种旁证。

莫林在本书中不止一次指出这样一种观点：在地球这颗行星上，相比于病毒，我们人类是后来者，"微生物从亘古时代就存在于地球上，而我们（人类）才是外乡人……人类在相当晚的时候才来到这个世界上,我们还需要学习怎样与它们互动"。这里她再次将病毒拟人化了。

■ 是的,在医学领域中,以战争的隐喻来看许多疾病的治疗,以"你死我活"的思维去理解细菌、病毒、癌细胞等与人体的关系,这样的倾向也可以理解为是更大范围的斗争哲学的一种体现,而不仅仅限于对病毒的认识。现在已经有不少医学科普在尝试纠正这样的观念,不过,显然要彻底改变,还是一个任重道远的任务。

最后我们也许可以非常简要地总结一下这本书的特色和要点:它是一本由病毒专家所写的科普(或按你更喜欢的说法叫科学文化)读物,书中作者个人亲历的各种科研经历和与研究相关的趣事,既让读者感受到了一位科学家实际的科学生活,也在同时普及了许多人们一般并不熟悉的科学知识,尤其是,作为此书的核心主题,它带给我们一种全新的病毒观。

《病毒——是敌人,更是朋友》,(德)卡琳·莫林著,孙薇娜等译,生活·读书·新知三联书店,2021年9月第1版,定价:69元。

理论篇

《什么是科学》:向理论深渊踊身一跃

□　江晓原　■　刘　兵

□　在我的印象中,对科学史和科学哲学之类的学术稍有涉猎的人,通常都会避开"什么是科学"这样的论题,因为这是一个理论深渊,而且可以说是一潭黑水深不可测。只有某些"科学原教旨主义+科学麦卡锡主义"的狂妄浅薄之人,才会在轻率教训别人时开口闭口给科学下定义。吴国盛教授是我们的老朋友,他当然不是这样的狂妄浅薄之人,可是这一回,他竟然丝毫不躲避"什么是科学"这个问题,而且还将它用作书名,这简直就是"我不入地狱谁入地狱"的大无畏精神啊!

老友如此大无畏献身,我们当然也应该见贤思齐,冒险来谈一谈他的这本新书。

报纸上已有五位教授发表了对此书的评论,其中四位都表达了商榷的意见,只有何光沪教授没有表达不同意见,不过他基本上仅限于谈论书中关于基督教和科学关系的那部分。而大部分商榷意见聚焦在"中国古代有没有科学"这个问题上——吴国盛教授在书中表达的意见,被认为是"中国古代没有科学"。

　　我们以前不止一次讨论过"中国古代有没有科学"这个问题,而且"宽面条窄面条"在我们圈子里已成典故。吴国盛教授在书中再次指出:这个问题"本质上是一个定义问题,而不是历史经验问题;是一个观念问题,而不是事实问题;是一个哲学问题,而不是历史问题"。虽然这三个排比句展示了高超的规避技巧,但他仍然无法避免在"有"和"无"两个阵营之间的"被站队"——而从几位教授发表的意见看,他们认为吴国盛教授站错了队。

　　■　　你的开场就很有力啊!不过,你说对科学哲学之类的学术稍有涉猎的人,通常都会努力避开"什么是科学"这种具备理论深渊特性的论题,我倒觉得也不尽然。其实许多科学哲学家们还都是在津津乐道地谈论这个问题的,在某种意义上,这甚至成为科学哲学家工作的一个重要组成部分。不过科学哲学家们的近亲——科学史家们,确实很少正面谈及这个论题,尽管他们在其研究工作中,也无法真正回避这个问题。这种表面上的差异,其实背后还是有着很多可分析和思考之处的。

　　你前面引用了吴国盛在书中的三个限定,我觉得这三个限定还是合理的,只不过当此书被热炒、被众人关注时,却未必人人都恰当地注意到了这三个限定。这三个限定还暗示:吴国盛其实也是自己先限定了他心目中的科学,然后再按照这种限定给出了书中的主体论述,即科学是如何从古希腊的传统中发展至今的。

　　从古希腊讲起,这是书中非常核心的内容,也是吴国盛自己多有研究心得之处,这在形式上似乎就已经是在讲历史了,但如果注意到他的限定中还有这"不是历史问题"一条,人们自然可以推论说,他在讲形式上是历史的内容时,显然只是按他对科学的"定义"选取了相关的线索和支撑点。

你非常关心在"有"和"无"两个阵营之间站队的问题,那么你心目中,对于"有"派或"无"派的立场和基本判断,又是怎样理解的呢?

□　其实我现在对于中国古代有无科学这个问题,已经越来越失去兴趣了,因为我感觉争论这个问题并不能带给我们多少新的学术成果和思想空间。我之所以欣赏吴国盛教授在这个问题上的三个排比句"展示了高超的规避技巧",是因为我乐意看到他规避掉这个问题。然而,"树欲静而风不止",从吴国盛教授的遭遇看,他也未能规避掉。

既然如此,我想干脆"迎难而上",再明确表白一次:我赞成吴国盛教授所说,这是一个定义问题,所以,如果对科学采取宽泛的定义(即"宽面条"),那么中国古代也有科学;如果对科学采取狭窄的定义(即"窄面条"),那么中国古代就没有科学。这样一来,"站队"的问题当然仍然存在,但至少可以从逻辑上被转移到对科学定义的选择了。

这个转移并不是毫无意义的。要断定中国古代有没有科学,这个问题的严肃性和某种隐含的道德压力,都明显大于对科学定义的选择——而且这个选择在"面条"的比喻下又变得更为轻松也更为容易了。事实上,就像喜欢面条宽窄不存在道德高下一样,选择一种科学定义同样不存在道德高下。但是要断定老祖宗有没有科学,这马上就会被赋予某种道德色彩。如果有人逼着吴国盛教授站队,甚至强行将他划入某个队伍,很有可能就是出于他们潜意识里的道德压力。

　　那么你也许会接着逼问我:你到底选哪种面条呢? 记得我以前明确表示过:我喜欢选窄面条。但是现在,我的立场变得更为"不负责任"了,现在我无所谓了:为了讨论问题和加深认识,我甚至可以一会儿选窄面条一会儿选宽面条——我们为什么不能将这两碗面条都买下来,随意挑着吃呢?

　　■　哈哈,这倒真是第一次听你讲自己可以两碗面条挑着吃的说法。原先我们对于面条宽窄的争论,看来是可以告一段落了。我也同意这完全是一个定义问题,而且从原则上说我也不再对此定义的争执有过多的兴趣。但正像你所说,人们总是身不由己地被卷入这样的争论中。有时争议的双方表面上是定义之争,其实背后却掺入了更多其他意味,包括在现实中如何及是否要利用科学这一并不清晰但却显然拥有意识形态权力的话语方式。因此,我们或许可以转换一下方式,去思考一下中国人为什么会如此热衷于讨论"科学是什么"?

　　如何定义科学,这本身便已经涉及某种科学观,所以人们在给出各自不同的定义时,便已体现出对不同科学观的选择。而且在进一步的讨论中又负载了更多超出定义的弦外之音。这样,何为科学的争论,已经不再是一个简单的只涉及定义的纯学理问题了。

　　其实人们更多地是在利用这个争论的机会,来表达着对于何为科学,应该如何认识科学,应该倡导什么样的科学理念,以及对科学的不同理解背后所带有的历史与现实意义等的不同看法……由于西方近代科学在传播上的巨大成功和由之而来的对社会发展的巨大影响,以及科学在社会舆论上占有的特殊地位,科学成为"正确""真理""客观""实用"的象征,也让人们会在现实中有意无意地试图争夺和利用"科学"这一标签,并因此而获得某种实际利益。这些内容,也同样可以成为学术研究的对象。

□　我同意你的意见。不过这些背后的东西并不是吴国盛教授打算在此书中讨论的。

另一个我非常感兴趣的问题,是有的评论者指出,在《什么是科学》中,吴国盛教授已经从他当年曾经非常激进的反科学主义立场上后退了。

评论者在表达这种判断时,其辞若有憾焉,有点像看到一个革命志士向敌人低头妥协了一样。这让我联想到吴国盛教授的成名作《科学的历程》在北京大学出版社出版增订版(2002)后,遭到另一些人士的指责,说和初版本(湖南科学技术出版社,1995)相比,吴国盛教授在书后装上了一条"反科学主义的尾巴"。这种指责显然没有动摇吴国盛教授坚持自己学术立场的信心,因为在《科学的历程》的新版(湖南科学技术出版社,2013)中,这条所谓的"反科学主义的尾巴"保持不变。

我忆及这些往事,是想说明,一个学术立场往往会遭到两方面的批评和指责。吴国盛教授关于科学问题的立场,看来就遭遇了这样的情形。而使问题更为复杂的是,在此期间,吴国盛教授的立场是不是真的有所变化呢? 如果真的有所变化,这种变化背后可能的原因和机制又是什么呢?

■　你的这个问题,也许只有作者能给出解释,但即使他给出了解释,听者或是仍然不一定会承认和接受。而我们这里能够做的,也只是一方面从现象上观察,一方面给出我们认为可能的原因。

首先,作者在书中表现出了从非常激进的反科学主义立场上后退。这种后退,有人不喜欢,自然也就有人喜欢,因为人们从来在此问题上没有一致过。其次,如果让我去猜测可能的原因,我觉得一种可能性是,作者因为自己长期以来对古希腊的关注和研究,形成了一种对古希腊传统的特殊偏爱,而现在书中论述科学的方式,恰恰给了古希腊传统以最高的评价和地位。但是,恰恰又是在这种从古希腊传统到现代科学发展历史的逻辑建构中,既体现出来了某种逻辑上的一致性,以及渗透了在现代科学中被理想化了的"理性"特征,同时也形成了对此脉络之外的一些东西(我们有时称其为"广义的科学")的排斥。

令人欣慰的是,一个吴国盛从非常激进的反科学主义立场上后退了,但一个江晓原却从原来不那么激进的科学主义立场上"进化"成了至少在形式上颇为激进的反科学主义者。世事此消彼长,没有个个都在一个方向上走极端,没有人人都一面倒,那就不错吧?

□　从内在的学理来推测吴国盛教授可能的转变,当然是我们在这里首先能够进行的努力了。不过他本人是不是认同"从激进的反科学主义立场后退"这一判断,也是有疑问的。

另一方面,古人有"三不朽"之说,"太上立德"可能过于遥远和抽象,其次的"立功"和"立言"相对现实一些。撰写《什么是科学》,当然是"立言"之举,但作者毕竟生活在现实世界中,而且正值春秋鼎盛之际,还远未进入"看破红尘"的消极境界,想必对于"立功"也未能完全忘情吧? 既然欲建立事功,就不能不考虑现实环境和周围人群的想法,考虑人们对某些观念的接受程度。以前吴国盛教授曾有名言,"哲学家不怕观点荒谬,只怕不自洽",但在追求事功、处理现实世界的红尘俗事时,恐怕就不能由着哲学家的性子来了吧? 从这方面来理解"从激进的反科学主义立场后退",是不是也有一定的合理性呢?

■　你的说法当然可以作为一家之言,作为一种推测和解释,至于吴国盛教授是否认同这样的推测,是否承认"从激进的反科学主义立场后退",那就是另一件事了。作品一旦问世,也就只能由读者去分析和评论了。

在这本书中,作者虽然以历史的形式讲科学的演进,但主体思路上还是科学哲学的,而科学哲学与科学史的关系,又一直是这两门学科之间纠缠不清的官司。从历史的角度看,如果持多元的"宽面条"立场,显然与其自身研究的传统更加一致。如今,吴国盛教授已经调到清华大学筹建科学史系,他会如何处理科学哲学与科学史的关系,也是一个让人们充满期待的维度。

尽管许多人并不关心"什么是科学"这个问题,但科学的影响,却不可能不涉及每个生活在当下的人。也许有朝一日,人们更关心另外一些与科学的发展及其应用有关的问题,这是不是一种更好的发展情形呢? 当然,即使到了那一天,此书也仍有其阶段性的推进之功。

《什么是科学》,吴国盛著,广东人民出版社,2016年8月第1版,定价:49.80元。

原载 2017 年 6 月 21 日《中华读书报》
南腔北调(162)

帝国的植物学和性联系在一起

□　　江晓原　　■　　刘　兵

□　　这本《性、植物学与帝国——林奈与班克斯》(*Sex, Botany and Empire, The Story of Carl Linnaeus and Joseph Banks*),讲的是西方列强的科学家在"未开化"的远方进行科学考察的故事。但从书名上首先标举的是"性"这一点来看,西方人在这种考察中的所作所为是何光景,就不难想象了:sex-science-state,这三者是紧密结合在一起的。

遥想当年,帝国的科学家们乘上帝国的军舰——达尔文在皇家海军"小猎犬号"上就是这样的场景之一,前往那些已经成为帝国的殖民地或还未成为殖民地的"未开化"的遥远地方,通常都是踌躇满志、充满优越感的。植物学家班克斯 1768 年 8 月 15 日告别他的未婚妻登上"奋进号"军舰,也是同样场景。

班克斯迹近浮浪子弟,伊顿公学的古典课程他只能勉强通过,牛津大学的学位课程他就无法修完了。不过他迷恋植物学,走门路上了"奋进号"。当军舰停靠在塔希提岛时,班克斯在美丽土著女性的温柔乡里纵情狂欢,连船长库克(James Cook——正是那个西方殖民史上的著名船长)都看不下去了,"他发现自己根本不可能不去批评所见到的滥交行为",而班克斯则纵欲到"连嫖妓都毫无激情"的地步——这是别人讽刺他的话。

　通常,在"帝国科学"的宏大叙事中,科学家的私德是无关紧要的,人们关注的是科学家做出的科学发现。所以,尽管一面是班克斯在塔希提岛纵欲滥交,一面是他留在故乡的未婚妻正泪眼婆娑地"为远去的心上人绣织背心",本书作者也只是相当含蓄地写道:"班克斯很快从他们的分离之苦中走了出来,在外近三年,他活得倒十分滋润。"

　■　这是一部很有新意的科学史。与以往我们较多接触的其他那些更为"正统"的科学史著作相比,这部著作因其视角和切入点的奇特而带给读者颇有新意的感觉。

　这又是一部博物学史著作。博物学史作为科学史的一个分支,其合法性当然不成问题,而且近些年来还成为越来越热门的科学史研究选题(甚至不仅限于科学史)。尽管这本书所讲的林奈和班克斯这两个人物,尤其是前者,在传统科学史中也会被提到,但放到博物学史的框架中,这两个人的重要性又会大为增加。

　就博物学史来说,把植物和帝国联系在一起,似乎很顺理成章,因为早期的植物学研究与英国这样的帝国主义的殖民活动关系紧密。但在此之外再加上"性"这个主题,就更有后现代的研究风格了。除了你前面提到的班克斯在塔希提岛上纵欲滥交这种直接与"性"相关的史实之外,在当时植物学研究的分类、描述等的流行语言中,

"性"隐喻的流行也远比我们通常设想的要多得多。这同样可以划归书名中"性"的主题,而且更为鲜明地体现了现在在科学史领域中也越来越被关注的修辞隐喻研究进路的应用。

□ 我确实越来越喜欢这本小书了。植物学和"性"之间有着那么多的语言学和社会学方面的联系,超出了我先前的估计。另一方面,本书作者的写作风格也大得我心——经常表现出某种居高临下的讽刺姿态。

例如:"即使是植物学方面的科学术语也充满了性指涉……这个体系主要依靠花朵之中雌雄生殖器官的数量来进行分类。"以至于植物学这种我一直认为相当无趣的学问,在有些人看来简直就是一种"涉黄"的淫秽色情活动:"要保护年轻妇女不受植物学教育的浸染,他们严令禁止各种各样的植物采集探险活动。"

本书作者敏锐地指出:这种"帝国科学"的实质是"班克斯接管了当地的女性和植物,而库克则保护了大英帝国在太平洋上的殖民地"。

■ 虽然在书名中和林奈是并列的,但在内容上,班克斯却似乎是真正的主角。

我本来就猜想你会喜欢这本书的写作风格。与过去常见的那些只讲"核心"科学知识一步步发展的科学史不同,本书更有某种文学,甚至文化的感觉。其实,过去那些"核心"的科学知识,也不过是历史学家们在以某种立场去考察时所建构起来的,但那样的建构,却同时略去了就科学本身来说非常丰富的多种多样的相关联系。

修辞学的历史研究,应该属于这些"新派"的研究视角和研究方法之一吧。正是在这样的视角中,历史学家才会注意到不同时代的

"科学语言"中如此丰富的内容,在植物学史等领域中以往人们关注不多的性隐喻,便是这样的内容之一。但这种发掘,并非只是为了娱乐读者,而是为了揭示在其背后一些更深刻的东西。比如前面你提及的几个例子,如果从"性别研究"的角度来看,岂不正是需要大力分析的有意义的话题吗?早期英国与发展殖民地密切相关的博物学研究,再加上常规意义上的"性"和修辞意义上的"性"隐喻,便更加丰富了"权力"和"统治"的含义。

□　你提到"权力"和"统治",让我想起一些以前的说法。

在意识形态强烈影响着我们学术话语的时代,本书中的事情通常是这样被描述的:库克船长的"奋进号"军舰对殖民地和尚未成为殖民地的那些地方的所谓"访问",其实是殖民者耀武扬威的侵略,搭载着达尔文的"小猎犬号"军舰也是同样行径;班克斯和当地女性的纵欲狂欢,当然是殖民者对土著妇女令人发指的蹂躏;即使是他采集当地植物标本的"科学考察",也可以视为殖民者"窃取当地经济情报"的罪恶行为。

后来,上面那种意识形态话语被抛弃了,但似乎又走向了另一个极端,完全忘记或有意回避殖民者和帝国主义这个层面,只歌颂这些军舰上的科学家的伟大发现和成就,例如达尔文随着"小猎犬号"的航行,早已成为一曲祥和优美的科学颂歌。

用今天的眼光来看,这些在别的民族土地上采集植物动物标本、测量地质水文数据等的"科学考察"行为,有没有合法性问题?有没有侵犯主权的问题?这些行为得到当地人的同意了吗?当地人知道这些行为的性质和意义吗?他们有知情权吗?……这些问题,在今天的国际交往中,确实都是存在的。

也许有人会为这些帝国的科学家辩解说:那时当地土著尚在未开化或半开化状态中,他们哪有"国家主权"的意识啊? 他们也没有制止帝国科学家的考察活动啊? 但是,这样的辩解是无法成立的。

姑不论当地土著当时究竟有没有试图制止帝国科学家的"科学考察"行为,现在早已不得而知,只要殖民者没有记录下来,我们通常就无法知道。况且殖民者有军舰有枪炮,土著就是想制止也无能为力。正如本书中所描述的:"在几个塔希提人被杀之后,一套行之有效的易货贸易体制建立了起来。"

即使土著因为无知而没有制止帝国科学家的"科学考察"行为,这事也很像一个成年人闯进别人的家,难道因为那家只有不懂事的小孩子,闯入者就可以随便打探那家的隐私、拿走那家的东西,甚至将那家的房屋土地据为己有吗? 事实上,很多情况下殖民者就是这样干的。所以,所谓的"帝国科学",其实是有着某种原罪的。

■ 你说的很对。当我们倡导对博物科学史的研究时,既要注意到这样的研究对于科学史学科发展的意义,对于解决我们当下问题的借鉴,同时也应该避免将博物学的发展只等同于知识的积累,也应该注意到当时的历史环境,以及当时那些发达国家在拓展博物学探索时背后的利益目标。其实殖民的需要,也正是发展"帝国科学"的重要动力。而且,这样的情形又并不限于博物学,在其他学科的发展中亦常如此。也就是说,近代这种科学探索疆域的拓展,经常伴随着血腥暴力的征服与掠夺。

不过,与传统中只是中性地、而且又经常是以赞扬的方式看待历史上科学探索在疆域拓展和知识发展相比,这种更有外史倾向的研究在立场上的转变,人们似乎也还不是特别难以接受。毕竟历史研究也是要有根据和讲道理的。历史确实也经常会为我们当下提供一些启发性的思考,提供一些新的观察角度和思考方式。

比如当我们把目光转向今天,除了像一些后殖民主义立场的科学史研究者所说的,近代科学在全球的普遍传播其实也是一种"文化殖民"之外,那些发达国家在发展中国家进行的某些经济开发取向的"科学探索",以及在发展中国家里那些来自发达地区对不发达地区开发取向的"科学探索",与前面所提到的那段英帝国博物学的开拓性探险研究相比,是不是也有某些相似之处呢?

□ 我觉得那是性质不同的。如果沿用我上一节的比喻,现在的局面是家家户户都不会只有不懂事的孩子了,所以任何外来者要想进行"经济开发取向的科学探索",他也得和这家大人达成共识,得到这家主人的允许,才能够进行吧? 即使这种共识的达成依赖于利益的交换,至少也不是单方面强加于人的。国与国之间固然是如此,一国之内的不同地区之间当然更是如此。

这让我想起如今的某些西方人,他们对中国在非洲日益增强的存在和逐渐扩大的利益抱有某种"羡慕嫉妒恨"的阴暗心理,就指责中国在"推行殖民主义"——好像他们自己的祖先没有推行过殖民主义似的。但他们忘记了一个重大的不同之处,或者并未忘记但是假装忘记了:当年西方殖民者在许多情况下正如本书所揭露的那样,"在几个塔希提人被杀之后,一套行之有效的易货贸易体制建立了起来",那么如今中国人到非洲去,是开着军舰去的吗? 是靠枪杀当地人来建立"贸易体制"的吗? 当然不是。中国人是在和那家主人达成共识的前提下在当地展开各种活动的。

■　差异固然是存在的,但"性质"是否相同,那要取决于评判的标准。如果按照主权的标准,按照是否以武力征服的标准,那现在表面上看确实与过去有很大的不同,但如果按照经济掠夺和文化渗透的标准,则又确实很有一些相似性。就后殖民主义科学研究(science studies)所说的作为一种文化殖民的科学来说,重点也正是按照后面所说的那两种标准,即基于经济实力的不平等而进行的经济掠夺和文化殖民。这恰恰又是基于对英帝国主义者们那样的所作所为的历史考察而得出的某些启示。而且,今天的科学发展,比起历史上的情形,在对经济发展的关切上,似乎只有更强烈。

当然,就普通读者而言,这些立场可能是通过阅读而潜移默化地发生改变的,就最直接的传播效果来说,阅读这样一本建筑在思想性之上的、很有可读性的科学史,本身也是一种享受。不过,要是在获得这种直接的阅读享受的同时,略为延伸地再有些理论思考,那就是更加理想的结果了。

《性、植物学与帝国——林奈与班克斯》,(英)帕特里夏·法拉著,李猛译,商务印书馆,2017年1月第1版,定价:28元。

原载 2018 年 2 月 14 日《中华读书报》
南腔北调（166）

看一个开明的科学主义者
怎样谈超自然现象

□ 江晓原　■ 刘　兵

　　□ 以前我就说过，人们对"伪科学"感兴趣是因为它有很强的娱乐功能，在这件事情上我自己也未能免俗，所以一见到这本《古怪的科学》，一看它是专讲通常被视为"伪科学"的24种超自然现象的，就来了兴趣。

　　这里先讨论一下作者的立场。记得我和你提起此书，想将它列入我们对谈的书目中时，你最先的反应是：作者又是科学主义立场吧？其实作者倒是挺想采取某种持平的立场，他表示自己"找到了一个平衡的观点，也养成了开放的胸襟"。尽管他能不能真正做到，还取决于别的因素。比如哲学素养是不是好？思想深度是不是够？

　　为此我首先考察了书中讨论的第11种现象——濒死体验。首选濒死体验是因为我感觉这是一个有多重意义的话题，而且多年前我还曾在饭局上听两位人士谈论过自己亲身经历的濒死体验。那天先是已故的田洺博士(按照一般公众的标准他也可以算"高官"了),回忆了他在车祸后抢救中的濒死体验;接着是台湾影星胡茵梦(她更著名的身份是李敖前妻),叙述了她通过服用致幻药物后获得的"模拟濒死体验"。两人的描述颇有相同之处,和本书作者所陈述的也大致相同,比如漂浮到天花板上俯瞰自己的肉身、明亮的白光之类。

我试图通过这个个案来观察本书作者的立场和叙事风格,发现他还是比较严谨的,他的所谓"平衡的观点"和"开放的胸襟",主要表现在:并未断言濒死体验是不可能存在的或是虚假的;但也指出了,迄今为止人们尚无法获得真正有说服力的证据,来证明哪些濒死体验的陈述是真实的。简而言之就是持一个存疑的态度。这样的态度也出现在本书对大部分超自然现象的讨论中。

■　这确实是一本挺好玩的书。这样说,当然主要还是由于这本书的话题,即你所说的"伪科学",而按作者的说法,则被归类为"超自然现象"。也确实像你所说的,这样的话题一直是对于公众颇为具有"娱乐功能"的。而这样一本书出现在"哲人石丛书"中,也是件挺有意思的事,虽然不知出版者是怎样看此书,但相关的各种理解,还是挺值得讨论的。我想,这也是我们会选择这本书来谈的潜在背景之一吧。

你对这本书的作者的看法,我基本是同意的。按照我看过的书中一部分来评价,我会把作者定位于"开明的科学主义者"。

之所以这样说,也正像你根据"濒死体验"那一章的写法来分析的一样,即作者对于这些"超自然现象"的存在,并没有根本性地给出断然否定,有时甚至于倾向于相信其存在。也正是因为这点,我才使用了"开明"的这个限定词。当然,这里面会涉及一系列相关的问题,如怎样确定某现象的"真实"存在,如何把这种相信建立在什么样的"证据"的基础上,以及什么样的"证据"才算是可靠的证据等。

接下来,此书更为中心的重要内容,就是对这些"超自然现象"的解释。就我的阅读观察,我发现此书作者在进行"解释"时,所使用的工具或者说所依赖的理论,仍然是西方当代科学的理论,也正是在这种意义上,我把作者仍归为"科学主义"一类。不知这样的评价你是否认可?

□ 我总体上是认可的。要验证也很容易。因为本书的结构基本上是平面化的,所以对于24个话题来说,阅读起来也没有什么必要的先后顺序,读者完全可以随意挑着读。我发现作者的"开明的科学主义"在这24个话题中有不同的表现,可以分成两类:

一类是他倾向于相信这种现象的真实存在,比如在"移山倒海"一章中所讨论的"心灵致动",作者表示"有越来越多的证据表明这种效应确实是存在的"。对于我们前面谈到的濒死体验,他也有这种倾向,只是更弱一些。

一类是他倾向于否定的,比如最后的一章"失落的大陆"中讨论的"消失了的亚特兰蒂斯大陆",他倾向于否定真有其事。他否定的方法和依据,正如你所说的,是相当"科学主义"的,比如他认为柏拉图的记述亚特兰蒂斯大陆故事的《蒂迈欧篇》中,"好像把一切度量都夸大了10倍",而他这样将柏拉图记述的数值(比如城墙高度、历史年代等)都进行"除以10"的操作之后,传说中的亚特兰蒂斯伟大文明就立刻"祛魅"而落实到历史上真实存在的克里特岛的米诺斯文明了。

不过作者即使倾向于相信某些现象的存在,也很注意强调证据问题。而由于这类"超自然"的话题,证据通常都是扑朔迷离或充满争议的,所以像本书作者这样一个"开明的科学主义者",几乎无法对这些超自然现象做出斩钉截铁的结论。

这里我想强调的是,只要作者愿意对这些超自然现象持"存疑"的态度——认为这些现象有可能存在,但目前证据还不足,他就和典型的科学主义者拉开了明显的距离。因为我们这些年来,至少就国内情形看,典型的科学主义者对一切超自然现象的态度是这样的:**由于这些现象是目前的科学理论无法解释的,因而这些现象是不可能存在的;或者说,是我们不可以承认它们的存在的**。因为一旦承认它们存在,现在的科学理论又无法解释,这就是给科学抹了黑,就是对科学权威的冒犯。在这样的白痴逻辑中,科学主义者不得不否认一切超自然现象,回避一切对超自然现象的讨论。

记得我们以前谈萨顿的著作时,我曾将萨顿称为"宽容的科学主义者",认为这样的人有时仍有可能得出某些反科学主义的结论。这和你判定本书作者为"开明的科学主义者"或许有点异曲同工——本书讨论了24种超自然现象,至少客观上就可以视为对上述白痴逻辑的24次冒犯。

■　从原则上讲,是这样的。这本书中的24个话题,有些是科学主义者们用来反对伪科学的经典话题,如"麦田圈";也有些是一直有争议的话题,如涉及被我们称为"特异功能"的那种话题,甚至有一些还涉及"替代医学"。当把这些话题并列地摆在一起,而只用一种"科学立场"来寻找"证据"并予以解释时,就带来了某种混乱。

在这背后,必然地会涉及观察和解释者的哲学立场。按照"观察渗透理论"的观点,其实人们在选择什么进行观察,选择什么作为可靠的证据,以及依据什么理论来解释观察到的现象时,原来已有的理论都在扮演着重要的角色。而在人类的历史上,用来解释"自然现象"(其实仅就什么是"自然"现象也是可以有争议的)时,一直存在着非常不同的理论,而且,按照科学哲学家库恩的"范式"学说,这些理论之间又不是可"通约"的。首先,这就意味着,把什么当作可靠的证据(这是确立某现象存在的必要条件),在不同的"范式"(包括其哲学基础和基本理论)中就是不一样的,因而只用一种"科学的"立场来确定某现象的"真实"与否,这也就成为可讨论的问题。其次,用来解释这些"现象"的理论又是非常不同的,科学,或者更严格地说,作者心目中所想的那种近现代西方自然科学,也只是诸多理论中的一种。如果我们使用广义的科学概念,从采用证据的标准到解释现象的理论,其实都是"多元化"的。

例如,此书并未专门谈到在我们这里被激烈争论的中医(虽然作者顺带简略地提到过针灸)。中医中所说的"气",按照当代西医的立场和理论,从其存在、证据到理论解释,就都存在严重问题,而当把立场转向中国哲学、传统医学理论,却又非常自然,那么究竟如何才算是对这一"现象"的公正的对待呢?

但当下大多数人的思维方式,还是受到发展迅速的西方近代现科学的影响,会自觉或不自觉地受到这种认识方式的影响,本书作者虽然"开明"地稍走出了一小步,没有过于"科学化",但他不仅在理论解释上只采用"科学"理论作为某现象可解释或暂时不可解释的前提,在对究竟何为可靠的自然现象的观察和证据方面,也还是缺少这种多元意识的。

□ 你的看法我完全赞同。我还可以补充一个有趣的例子,就是本书的第2章"宇宙中有其他生物吗"。

这一章其实就是讨论"外星人"这个典型的"伪科学"话题的,但作者尽力让自己的讨论显得很"科学",为此他主要引用了半个多世纪之前的思想武器——"德雷克公式"。这个公式是用来估计宇宙中具有智慧生物的星球数量的,其实它本身充满了不确定性和假象的空间,但是既然有一个"公式"的名称和形式,它就会显得很"科学"的样子。

奇妙的是,主张有外星人的人,和主张不可能有外星人因而谈论外星人就是一种伪科学活动的人,都乐意通过操弄"德雷克公式"来为自己的观点提供证据。这里的关键就是看将各种数据代入这个公式后,答案是大于1的某个数值,比如1 000 000,还是=1。主张宇宙中存在着智慧外星人的人,竭力要让答案的数值越大越好;主张宇宙中不可能有外星人的人,就竭力要让答案恰好等于1——这个1已经被我们地球所占据,所以宇宙间不可能再有任何别的智慧生物,于是证毕。

本书作者将这个操弄"德雷克公式"的游戏非常认真地玩了一遍。但是作为一个"开明的科学主义者",他玩游戏的结果当然是可以预见的——他依违于1和某个"千万级甚至亿级的"大数值之间。事实上,我甚至觉得他玩这个游戏的真正目的不是为了求得答案,而只是为了让本书显得很"科学"而已。

■ 我们在谈话中,似乎已经对这本书给出了一个定位。因为这本书讨论的话题,本是与许多被科学主义者们认为是"伪科学"的话题有很大的交集,仅就此而言,它应该是有不少人感兴趣并愿意一读的。但我们前面的讨论中,也强调了这样一点,即关于这种话题的讨论,仅仅站在科学主义的立场上进行,是很有局限的。那么,一个自然的结论就是,要想更全面、更理想地思考这些问题,还需要有人文立场的关注,才能突破科学主义的限制。

但是,说起来容易,实行起来却很困难。一个重要的原因,是站在人文立场上对这些所谓"伪科学"问题的研究并不是很多。究其原因,科学主义潜移默化地对人文研究的影响也同样是巨大的。因而,要想对这些有趣的问题真正进行深入的探讨,还需要在人文领域肃清科学主义的影响,让人文研究者也敢于、并乐意于关注这些公众有兴趣的问题,而不是躲开这些话题,或仅仅让这些话题流于八卦。

当然,这样的路还会很长,不过,有限的进展也是进展,"开明的科学主义"虽然仍有科学主义的局限,但还是要比那些极端的科学主义要好一些,这也许可以是这本书出版的意义之一吧。

《古怪的科学——如何解释幽灵、巫术、UFO和其他超自然现象》,(英)迈克尔·怀特著,高天羽译,上海科技教育出版社,2017年8月第1版,定价:60元。

原载2019年6月12日《中华读书报》
南腔北调(174)

究竟有多少创新值得期待?

□　江晓原　　■　刘　兵

　　□　记得以前我们在对谈中,你时不时要对"创新"冷嘲热讽一两下。也许你嘲讽的不是"创新"本身,而是我们对"创新"的迷信或不适当的强调,但总是给我一种"创新在刘兵那儿讨不了好"的感觉。这件事情,我本来倒是"不持立场"的,或者说我自认为是一种超然的中立立场:我既不排斥创新,也不迷信创新。

　　等我读到这本《老科技的全球史》,我发现我们在这个问题上的思考,完全可以再进一步深入。

　　作者认为,我们以往习惯的对科学技术发展的描述,往往是以"创新"为中心的,如果我们尝试另一种思路,就可能有大不相同的结果。他主张以"使用中的科技"(technology-in-use)作为思考的出发点,这样,"将会出现一幅完全不同的科技图景,甚至也可能形成一幅完全不同的发明与创新图景"。这甚至让他认同了布鲁诺·拉图尔

（Bruno Latour）的激进观点："现代人所相信的现代,从未存在过。"

　　我们习惯的以创新为中心来看待科学技术发展的思路,被作者称为"未来主义"。他写道:"我们因而把焦点放在发明与创新以及那些我们认定为最重要的科技上,这样的文献是二三流知识分子和宣传家的作品,像是韦尔斯(H. G. Wells)的书以及NASA公关人员的新闻稿,我们从那里得到的是关于科技与历史的一套陈腔滥调。"这番话还真有点指点江山挥斥方遒的气势。

■　在开始我们的对谈之前,我觉得有必要先对一些概念和说法进行一点说明。诚如你所说,"似乎"我总是时不时要对"创新"冷嘲热讽一两下,当然这是在特定的语境下。因为,毕竟从科学史来看,整个科学史似乎就是一部"创新"的历史,没有"创新"何谈科学的发展? 而我们今天所说的创新,本应是在这样的意义上来看的,但在过去很长时间,人们没像今天这样大谈"创新",好像也没有太影响科学发展,反倒是今天人们过于频繁地让"创新"一词出现在各种场合,甚至形成一种贬值的滥用,这才是真正的问题所在。

　　本书书名中的"科技",原文是"技术",这一译法上的问题,本身就意味深长。

　　尽管谈论的只是技术(这是有别于通常意义上的"科学"的),但本书确实有趣、有想法,说出了许多与当下主流声音有所不同的观点。不过这本书所讲的,与一开头你所提到的我的说法,在所指对象上并不完全一致,却也从另一个方向切入了我们关心的问题。

□　本书主要讨论的确实不是对"创新"一词的态度和用法本身,但作者其实是希望通过他讨论的那些技术应用情况,来改变人们对"创新"的盲目推崇和迷信。你莫非被"反对创新"的可能罪名吓着了？我觉得你的说明和我上面对你的描述并无矛盾，你只是补充得更为全面了。事实上我们都不赞成对"创新"一词进行"贬值的滥用"，所以才会对本书表示欣赏，我才会推测本书能让你有"吾道不孤"之感。

我很久以来一直在想象（或者说盼望）一种研究成果：告诉我们究竟有多少创新是真正有用的？比如，在足够长的时间段中对某个领域的专利进行统计分析，看到底有多大比例的专利是最终得到应用的？也许这样的研究项目实施起来非常困难，也许是我孤陋寡闻，我一直没见过这样的研究成果发表。

和我上面想象的统计学研究不同，本书近似地采用了个案分析的路径。论述了作者选择的一些比较"老"的发明，是如何被长期使用的，比如美国已经使用了半个世纪的轰炸机B-52；而与此同时，还有许多创新，或者一直得不到实际应用，或者得到了应用也只是云烟过眼，很快就被人淡忘了。

作者主要是采用正面论述，提请读者注意身边许多我们早已习以为常的事物，其实是技术史上的重要发明——它们的重要性主要是以它们的长期应用来背书的。作者希望读者在阅读这些正面论述的内容时，能够引发思考：那些层出不穷的创新中，能够有几项得到广泛持久的应用？人们将太多的赞美给了那些不值一提的创新，却几乎忽视了那些一直在身边造福于我们的发明。

■ 我倒不是被"反对创新"的可能罪名吓着了，尽管这样的"罪名"还真是会吓到不少人。也许，很多人根本就不曾想到过居然还可以这样思考问题。

　　要论证这种科技发展,是需要实际的例证的。科技史,就是提供这种例证的最合适的学科之一。此书作者恰好以这样的身份,以科学史的研究为基础,给出了似乎不那么有利于当下的"创新热"的观点和证据。

　　此书作者也并不只是中性地立足于科学技术史来谈问题,其论述也有着鲜明的当代问题意识。例如,他在讨论我们这里非常关注的"国家创新与国家经济发展"的话题时,就提到了"国家经济与科技的表现取决于国家发明与创新的速度,这样的假设隐含了一种极端而广泛的科技国族主义"。而且这原是20世纪50年代晚期出现在美国的一种观点,现今却被我们广泛接受。"这一论点主张,如果想要赶上富裕国家,国家就要有更多的发明与创新;如果不能做到这点,该国就会沦落到最贫穷国家的水平。""我们可以得出的结论或许是:全球性的创新或许是全球经济增长的决定因素,但这点并不能套用到特定的民族国家。既然国内的创新并不是国家技术的主要来源,那么国内的创新和国家经济增长率之间没有正相关也就不足为奇了。富裕国家彼此之间以及富裕国家和贫穷国家之间的全球科技分享是常态。那么我们是否该抛弃科技国族主义而采取全球性科技的视角来思考呢?"这样的观点,哪怕只是作为一家之言,也还是值得我们注意的。

　　□　　除了"导言"和"结论"之外,本书正文的八章,可以理解为作者考察创新的八个方面。应该承认,作者的思虑相当周全,这样从八个方面考察创新,本身就是一种创新,而且具有示范意义。其中的"国族"一章,主要从国家层面讨论对技术创新的看法,涉及意识形态的影响、冷战、跨国公司等多个与创新有关的方面。

　　不过，对于作者的主要观点，我感觉还有讨论的余地。在理论上，我们可以尝试这样来为那些过眼云烟的创新辩护：

　　没有量，哪来质？没有那么多的过眼云烟，哪来那些持久应用的发明？例如，没有那些众多的过眼云烟的飞机创新，哪来成功的B-52？那么人们对所有新出现的创新都歌颂称赞，就有了足够的合理性。我们要采纳的本书作者的意见，应该是它的后半部分——我们确实应该对那些得到长久应用、因而为改善我们的生活做出了更大贡献的创新，表现出更多的敬意和关注。

　　■　你这样说的时候，我觉得已经从我们开头讨论的问题上有所转移了。我们知道，在历史上，绝大部分科学和技术研究的"成果"，都在大浪淘沙中被淘汰了，只有少数存留下来，这也就是你所说的量与质的问题。这其实并不令人惊讶。按照学术的规则，没有"新"进展的研究甚至都没有资格进入这样的淘汰赛。但在我们的对谈中，我更关注的是，为什么现在我们会比以往更迷恋于大谈创新？甚至是在"贬值的滥用"的意义上言必称创新？以及这样近乎于反常的迷恋，会带来什么样的后果？

　　固然，《老科技的全球史》的主要案例谈的是那些并非最新的"创新"却被持久应用的发现和发明，在这些发现和发明出现之时连"创新"一词都还没变得流行，但学术的规范也一直在起作用。这表明，至少相当多有用且好用的发现和发明，并不一定就是最新的创新，这是一个层面的问题。而在另一个层面上，我们还会去思考，我们如今大谈创新，又真的就直接带来了更多有用的创新成果吗？抑或更多地只是一种在概念和语言上的装饰，一种表态，一种夸张，一种掩饰，甚至是一种潜在的忧虑？

　　□　我认为,我们在很大程度上就是如此。其实我们常见的关于创新的论述,通常不外乎两类:一类是口号式的,歌颂的,用意当然是正面的;另一类稍微"深入"一点,基本上是"评功摆好"式的功劳簿,说创新带来了如何如何好的后果。但是和本书作者的论述相比,上述两类都明显缺乏深度。

　　作者试图区分,到底哪些创新才是重要的? 他认为有必要考虑一些更为合理的标准:"根本重点是要区分使用(use)与有用(usefulness)、普遍(pervasiveness)与重要(significance)。"这当然不是文字游戏,作者有比较明确的所指。在他看来,许多昙花一现的创新成果虽然也曾被"使用"过,但很快就成为过眼云烟;而那些真正"有用"的创新和发明则长期发挥着重要作用(当然也是被使用),但人们往往对这些成果熟视无睹,反而不停地去追捧那些过眼云烟。

　　作为例证,作者特别提到了美国的B-52轰炸机("同温层堡垒"),这种飞机1952年首飞,1962年停产,前后总共生产了8个型号共744架。半个多世纪过去了,这种轰炸机至今仍在美国空军中服役,而且仍然是美军远程战略轰炸的主力机种。作者认为这样的技术成果就是"有用"的典范。也就是作者所强调的:"关于发明最重要而且有趣的一件事,是它展现出重要的延续性,而这些延续性却从来没有获得充分的认识。"

　　■　就算你讲的第一种"用意正面"的口号式、歌颂地谈论"创新"(其实要远超出此范围),也仍然需要直面其弊端。这种时时处处谈创新(甚至于带来诸多伪创新)的方式,现在几乎已经渗透到了各个领域、各种场合,甚至影响到教育和研究的方式和评价。其实这样的做法,反而等于消解了创新,让诸多青年学者从一开始便觉得,所谓创新不过是口头上的说法,但又不得不按之行事,以至于"编造"所谓的创新点。对于科学研究立项和评价亦是如此。这样的后果是极其严重的,是对真正的创新的最大威胁之一。所以,才会有你开头所说的我"时不时要对'创新'冷嘲热讽一两下"。

这本《老科技的全球史》则部分地与我刚说的问题具有相关性,即让人们意识到即使创新重要,也不宜过分地时时挂在口头,反过来,对于"创新"的重要的有限性和局限性也有必要进行一些反思。换言之,我们为什么要创新?这个问题在谈论创新时却往往被人们忽略。其实,创新最终极的目标,不还是为了让"有用"的"创新"使我们的生活变得更好吗?如果以此为目标,那我们自然也就不应该因某种理念的先行而过分地去追求那些很可能是"过眼云烟"的"创新"了。

《老科技的全球史》,(英)大卫·艾杰顿著,李尚仁译,九州出版社,2019年3月第1版,定价:48元。

原载 2020 年 12 月 16 日《中华读书报》
南腔北调(183)

大师看来又禁不住诱惑了

□ 江晓原　　■ 刘　兵

　　□　很早以前我就注意到一个现象:某些具有较高学术声望的人士,会在晚年忍不住尝试进行知识的"大综合"或"大融通"。这种尝试往往是在身边好心人的撺掇下做出的,尝试的结果也并非总是一无是处。不过,看着年迈大师在尝试力不从心之事,宅心仁厚的人总难免会有一点于心不忍之感。以前看到爱德华·威尔逊(Edward O. Wilson)的《知识大融通——21世纪的科学与人文》(*Consilience: The Unity of Knowledge*),他的生物学出身让他面对数理科学时力不从心,所以他对数理科学避而不谈,只去"融通"其余的人类知识,我就曾不失温柔敦厚地揶揄过几句(见2016年6月23日《中华读书报》)。

　　现在古尔德(Stephen Jay Gould)又来尝试了。无独有偶,古尔德的出身也是生物学领域,而且从书名看他比威尔逊说不定还要更勇敢一些呢——他的这本《刺猬、狐狸与博士的印痕——弥合科学与人文学科间的裂隙》(*The Hedgehog, the Fox, and the Magister's Pox: Mending the Gap Between Science and the Humanities*),一看就是野心勃勃之作。

从本书有点东拉西扯的开场来看,生物学出身在他学术风格中的烙印,和在威尔逊身上是类似的。当然,仅仅指出这一点并不足以否定本书的价值。我为我们的对谈给出这样一个不太恭敬的开头,为的是让我们尽可能走出大师的阴影——毕竟,我们决定谈这本书,相当大程度上是因为作者以往的名头。

■ 你在这样说时,似乎还是有意将数理科学和生物学之间拉开了一些距离,或者说是觉得了解数理科学要比了解生物科学难度更大一些。这未免略带有一点对生物学的歧视。不过,我想,在那些大师们开始进行"大综合"或"大融通"时,他们对于这种综合或融通所需要的人文知识的理解欠缺,或许是他们不那么成功的更重要的因素。

在这本名为《刺猬、狐狸与博士的印痕》的书中,副标题为"弥合科学与人文学科间的裂隙",这种融通的尺度,显然不仅仅需要对包括生物科学和数理科学的把握,更需要对跨出科学之外的人文学科的深入理解。而且,在这本书中,他的观点,显然与威尔逊的观点大不相同,事实上,书中许多地方也都是以威尔逊作为他批评的靶子。

虽然不能要求古尔德对人文学科的理解达到人文学者的程度——反过来人文学者对于科学的理解也同样很难达到科学家的程度,但我以为,恰恰是因为对人文学科的理解的程度差异,造成了他与威尔逊的不同,因而也才会引起人们对这种综合尝试的关注。

这样的综合是否成功,不同立场的人也许会有不同的评判,但我还是觉得,像古尔德这样一位著名的生物学家,能对人文学科的内容和观点有如此的了解,还真是非常难得,非常值得注意的。

□ 还是你宅心仁厚,那就让我们先来看看,古尔德PK威尔逊,会有怎样的结果?

在本书中,古尔德为威尔逊的《知识大融通》写了90页,即第9章"错误的还原之路与一视同仁的融通",这也是本书中最长的一章。

说实话,古尔德还是让我失望了。虽然他不失优雅地试图让读者感觉到他比威尔逊更高明一些,或者至少能够后来居上,但实际上他和威尔逊一样,都是在完全没有涉及物理学、天文学这些精密科学的情况下,谈论"科学"和人文的"弥合"或"融通"的。可是,在物理学、天文学缺席的情况下,谈论"科学"还有什么完整性? 还有多大的意义呢?

在我们习惯的语境中,"科学革命"是怎么开头的? 不是哥白尼《天体运行论》的出版吗?"近代科学"或"实验科学"是何时发端的? 不是伽利略报告的物理学实验吗? 但是在古尔德的这本书中,这一切都完全没有被纳入视野。

我们利用本书的索引来分析一下文本,就能获得有力的证据。虽然牛顿和伽利略的名字分别出现过6次和9次,但没有一次是在谈论他们的物理学。"物理学"在全书中只出现过一次,那是在古尔德提到"物理定律"一词时。"天文学"一词只在古尔德谈论一本别人写的书的书名中出现过一次,《天体运行论》则根本未被提到过。

虽然我曾半开玩笑地写过"物理学沙文主义中的学科鄙视链"这样的文章,指出物理学和天文学这样的"精密科学"居于鄙视链的顶端,而生物学、动物学、昆虫学之类的学科则处在鄙视链的底部。这当然不应该成为我们判断古尔德著作的僵化标尺,但我们毕竟还需要注意到精密科学对"科学"的代表性。古尔德和威尔逊在谈论"弥合"和"融通"时都避开了物理学和天文学这样的精密科学,这不可避免地严重削弱了他们论述的说服力。

■ 毕竟古尔德是一位生物学家,威尔逊也是,要他们在精通生物学的同时,也精通物理科学,这确实有些难为他们。所以,我倒不是特别关心他们的"融通"是否要把物理学和生物学一网打尽地再和人文学科融通,而是关注,就算只在生物科学和人文的融通中,他们之间的差异何在。

比如,当人们赞扬爱因斯坦,说他关心科学(当然也主要是物理学了)的同时,也关心人文,并且发表了大量的相关言论,包括哲学(其实像他与玻尔长达几十年的争论已经很难区分其中的科学和哲学了),在中国由许良英等人编译的《爱因斯坦文集》三卷本中,也只有一卷是纯科学内容,剩下两卷则是哲学和社会言论。但人们也还是无法要求爱因斯坦一定要把生命科学也融进来。

□ 物理学和动物学对"科学"的代表性是不同的,古尔德毕竟不是爱因斯坦。然而古尔德确实自负不浅,在他眼中,伽利略"是一个极其缺乏外交策略的莽夫",而以谈论"两种文化"著称的斯诺(C. P. Snow)"错误地将一种英国地方现象扩展成了全球模式……他在论证的核心部分混淆了两个相当不同而且互相独立的要点,它们的不连贯严重损害了他整个论证的逻辑"。

威尔逊当然也无法让他满意,他为批评威尔逊写了本书中最长的一章,但那90页的冗长论述给我某种东拉西扯的感觉,至少是没有重点,立场也不明确。相比之下,反而是威尔逊的《知识大融通》对一些人文学术的评价更为旗帜鲜明。

■ 将科学的一切(甚至不仅限于物理学和生物学)都掌握,并与人文相融通,这几乎是不太可能了,更不用说在"宽面条"的视野下,除了标准的西方科学之外还有那么多被归入"地方性知识"的"科学"呢。那么,我们也许可以降低些要求,只要将某人所熟悉的科学与人文有一个比较好的结合,就已经很好了。

在这样的标准之下,我们比较古尔德和威尔逊的融通差异,会觉得前者对于人文的了解要好得多,至少与人文学者的理解更为接近,而威尔逊的立场则要科学主义得多。

□ 你认为古尔德对人文的了解,比威尔逊所表现的要更好,这个判断,我倒还有些疑问。我的感觉是,古尔德对两边的了解都有相当大的局限性。

比如在第6章中,古尔德说:"艺术和人文学术领域的一个秘密是,这些学科的学者们在报告文章时几乎总是在念先前准备好的文本。我发现这一奇怪的做法总是会事与愿违。"这样的判断,明显与事实不符,至少在中国学术界是不符合事实的。我们两人或多或少也和西方学术界打过一些交道,我的感觉也不是这样的。要善意解释古尔德的上述错误判断,只能设想是他和"人文学术领域"交往不够多,所以发生了以偏概全的判断。

然而事情还不止于此,古尔德接着写道:"在我继续这番夸夸其谈时,请允许我提及另一件我经常抱怨的事:人文学者们在会议上做报告时几乎完全不展示任何图片——即使是那些明显包含视觉内容的主题。"这样的说法,还真是离"夸夸其谈"不远呢。

从两方面来看,古尔德的上述说法都有问题。首先是"人文学者"报告时几乎不展示任何图片吗? 我们知道这当然不是事实,多年来为追求视觉效果而搞"图文并茂"乃至插入视频的PPT不是处处可见吗? 其次,"科学家"做报告就一定是图文并茂的吗? 古尔德或威尔逊这样的人习惯的动物学昆虫学报告,当然会图文并茂,放进许多照片乃至视频,但是别的"科学"也一定是这样吗? 理论物理学家肯定会显示数学公式,但那也不算图文并茂吧?

我不得不怀疑,古尔德在谈论"科学"时,下意识里可能是太以偏概全了——他似乎总觉得他们动物学昆虫学或生物学这一派的学问就可以代表"科学"了。事实上,这样的下意识反应在他书中随处可见。在古尔德的"科学"版图中,似乎根本没有物理学和天文学,他也完全用不着意识到这些更能代表"科学"的精密学科的存在。以这样的风格来大谈"弥合"和"融通",说实话,给我的感觉相当差,这完全无法唤起我对古尔德的敬意,相反只会让我产生从"物理学沙文主义鄙视链"上端发出的某种怜悯。

■ 看来这次我们阅读感觉的分歧还是比较大的。其中一个原因,我想,可能是因为我们各自选择的评判标准有所不同,关注的要点有所不同。或者说,是你定的标准过于高了,那种真正能够通晓包括各门科学学科的科学整体,同时又能精通整个人文学科之精髓的人,出现的概率可能真的是太小了。而在我潜在地设定的标准中,能够基于自己学科,在此限度内对科学有所认识,并兼及地了解一些人文研究的核心意向,从而不再坚持那种极端的科学主义立场,这样的"融通"就已经是很难能可贵了。当然,这也是在与众多的鄙视或误解人文,从狭隘的科学基础出发却又很自信地做出宏大的科学主义断言的那些科学家相比较来说的。

比如说,在书中,古尔德对于过分简单化的累积"进步"的历史模型,以及坏的"过去"被好的"后来"取代的错误的二分法的认识,对科学与宗教的冲突之复杂性的认识("科学没有权利争夺超出其极为成功的方法边界之外的智识领域"),对于"科学大战"的评论,对于多元性的某种程度的赞赏,"科学需要人文学科来教会我们认识到自己事业古怪且相当主观的一面,教会我们理想的沟通技能,并给我们的能力设置恰当的边界"……类似的例子,在此书中还有不少。

就此而言,在我的那个低目标中,我觉得,应该说古尔德已经给众多的科学树立了某种很理想的榜样,某种重视人文、努力理解人文的意义、避免强科学主义的榜样。虽然在你的高标准下,这样的榜样可能还远未足够高大和完美。

《刺猬、狐狸与博士的印痕——弥合科学与人文学科间的裂隙》,(美)史蒂芬·杰·古尔德著,杨莎译,商务印书馆,2020年6月第1版,定价:65元。

原载 2021 年 2 月 10 日《中华读书报》
南腔北调(184)

医学的温度来自不忘初心

□　　江晓原　　■　　刘　兵

　　□　　我们以前通常接触到的关于医学方面的"科普"读物,主要不外乎两个来源:一是医疗共同体(包括医院、医学院、制药公司等)中的从业人员,二是媒体。出于自身利益方面的考虑,来源于前者的"科普"总是在介绍世界医学的新进展、新成果,或是对某些疾病、药物或医疗机构的具体介绍。而媒体在涉及医学话题时,通常总是被科学主义的话语所绑架,绝大部分都是对医疗共同体从业人员"科普"内容的报道、复述和呼应。可以说,一百年来这种状况都没有改变。

　　与此同时,尽管在西方,"医学"是和"科学""数学"并列的三类学问之一,也就是说,医学不是科学的一部分,但当今的中国公众却普遍将医学视为"自然科学"中的一部分。这种观念和大众媒体在谈论医学问题时的科学主义话语有直接的内在联系。

　　在这种情况下,韩启德院士《医学的温度》一书,实有振聋发聩之功,非常值得我们每一个人认真阅读！韩启德院士从最基层的医生做起,最终走上高层领导岗位,但他长期保持着医疗共同体现役成员的身份。然而和他绝大部分同行迥异的是,他说出了一个有良知、有理性的医生对当今医学现状的真实感受和深刻思考。

首先,韩院士为医学归纳了三个属性:科学性、人文性、社会性。换句话说,医学不再是自然科学的一部分——否则它应该只有一个科学属性。这种对医学自身属性的洞见,打开了广阔的思考空间,也拓展了丰富的话语空间。所以书中新见纷呈,金句迭出,例如:

> 人们对现代医学的不满,不是因为它的衰落,而是因为它的昌盛;不是因为它没有作为,而是因为它不知何时为止。

韩院士从中国和西方医学的历史出发,将医学划分为古代的"传统医学"和如今的"现代医学"。他认为"现代医学"正处在困境之中,所以才有上面的金句。

■ 在我的印象中,当我们在对谈中评价某本书时,很少看到你像这次这样,开篇便对此书、此书的作者和书中的观点如此盛赞。当然,对此我也有同感,因而会建议这次来谈这本难得的好书。我以为,韩院士在此书中,涉及了几个重要方面。

其一,是利用西方医学的话语和分析方式,来分析西方现代医学,在承认其重要发现和进展的同时,也发现了其不足,尤其是,依据已有的研究和数据,提出了一些对现在大多数人来说非常具有颠覆性的说法。例如,现在通行的对高血压用药物降压以减少冠心病和脑卒中风险的治疗,实际收效甚微却有更大比例的副作用,又如在健康人群中普遍筛查癌症未必能降低癌症的死亡率却有不可小视的负面效应,等等。其二,是对医学的本质,包括对生命、疾病、健康、死亡、幸福、医学在技术性治疗上的有效性,以及中医、西医之争和其间关系等医学哲学问题的探讨,乃至延伸到科学并非完全客观中立等科学哲学探讨。其三,是对医学与社会之间之复杂关系的分析,包括资本对医学发展的促进和对医学技术发展方向的误导。其四,是对医学人文的强调。

当然,这几点总结还不足以完全概括此书的丰富主题,而且其间彼此也有交叉。我们在有限的对谈篇幅内恐怕也只能很有选择地略论一二。不过,当这些重要的主题和相应的观点从这样一位身份特殊且有不凡医学背景的权威人士口中,以这样一种方式说出时,其重要性和冲击力显然是非常惊人的。

□ 书中的"医学是什么"一篇,在此书中可以说是纲领性的篇章(也是本书中篇幅最长的一篇),其中提出了多个重要观点。

首先,是对于"传统医学"概念的充实,韩院士强调指出:在约略相同的时期,中国和西方都形成了传统医学。而"现代医学"则是由现代科学催生出来的。

其次,韩院士断言,在"传统医学"时期,中医的水平远在西方之上。

然后,也是最重要的,韩院士明确指出了:"现代医学"正处于困境之中。本书对于这一点着墨尤多。这种困境从表面上看,首先表现为许多虚假和荒谬的情景。

例如,在谈到大量新药上市时,韩院士指出:"2013年,美国食品药品监督管理局自曝批准上市的抗癌药物75%无效;2013年,美国癌症研究所专家评价2009年以来批准的83种抗癌药物基本不靠谱。即使公认成功的靶向药物,对癌症也并没有治愈作用,它们只能使一部分有对应基因突变的病人平均延长几个月寿命。"

另一个让我印象更为深刻的例子是高血压。韩院士引用唐金陵等人发表在《中华预防医学杂志》上的论文表明:2000年中国把血压标准从原先的160/95 mmHg调整为140/90 mmHg,结果到2009年,仅由此项标准改变引起的高血压人群增加就达1.59亿人!更惊人的是,2017年美国又进一步将血压标准下调为130/80 mmHg,如果中国盲目跟进,将凭空再新增1亿高血压病人。但这次中国没有跟进,韩院士在书中明确肯定了中国的决策。

那么治疗高血压会产生怎样的效果呢?"专业"的说法是:对高血压者进行降压治疗可以将冠心病和脑卒中的发病率降低30%。针对这个"专业"的论断,韩院士做了专业的解读:高血压的10年风险率为5.6%,即如果听任高血压存在不去理会,每100位高血压者在10年内会有5.6人罹患冠心病和脑卒中,而对所有的高血压者都进行治疗之后,每100位高血压者在10年内会罹患冠心病和脑卒中的人数下降为3.9人。也就是说,当所有高血压者都进行降压治疗时,实际上只有不到2%(5.6-3.9=1.7)的人受益。

■　韩院士关于对高血压进行药物降压的讨论是非常典型的。前不久,在深圳举行的"清华会讲"上,他在大会报告也重点谈了这点,并引起与会者很大的反响。这也正如我在前面所说的,在此案例中,他实际上是利用当下西方医学的方法和研究成果,来发现西方医学在当下存在的问题。这也很有些像我们的朋友刘华杰教授在讨论SSK(科学知识社会学)时的分析,即SSK是采用科学的方法来研究科学本身,从而发现了科学的问题。

你一开始时也提到,现在关于医学的科普"总是在介绍世界医学的新进展、新成果,或者是对某些疾病、药物、医疗机构的具体介绍"。但像韩院士这样面向公众分析现行西方医学的局限和问题,对于公众乃至从业的医生们来说,提出很有颠覆性的观点,这样的情形却很少在当下的医学科普中见到。这说明我们主流的医学科普本身存在着很大的问题,说明了科普的复杂性,也表明科普实际上受到更多因素的影响。

韩院士对医学与社会之间复杂的关系进行了分析,虽然这些问题还有很大的讨论余地,但我觉得,这与我们以往对于科学技术的发展与资本关系的相关讨论,在倾向上也是相当一致的。而且,韩院士又是以具体的医学实例来论说的。

□ 在《医学的温度》中,韩院士已经明确提到,现代医学的困境,和资本的高度介入直接有关。现代医学的"不知何时为止",以及上面提到的高血压、抗癌药等例子,都明显可以看出是资本在背后起作用。而资本高度介入的后果,就是医学忘记了初心——现在"治病救人"不再是目的,而只是资本增殖的手段。然而为了让资本增殖,当然也可以采取"治病救人"之外的手段,比如调整健康指标,让世界上更多的人变成病人,使他们不得不购买更多的药品,资本就能快捷增殖。

韩院士还在书中谈到了惊人的"幽灵人":药厂自己炮制了论文,然后请专家署名后在学术刊物上发表,以此来宣传、推销药品。《美国医学会杂志》前不久给900多位医学专家发了调查信,在回收到的600多份信件中,竟有11%的专家承认自己曾为"幽灵人"的论文署名去学术刊物发表。

关于医学杂志和药业公司之间见不得人的关系,韩院士书中也给了一些惊人的例子。例如,2009年美国国会对《脊柱病变化技术杂志》主编兹德布利克(Thomas Zdeblick)的调查发现:他从一家公司收受"专利使用费"2000万美元,"顾问费"200万美元,作为回报,该杂志每期都刊登有关该公司产品的文章。所以《柳叶刀》杂志的主编霍顿(Richard Horlton)感叹说:"医学杂志已经沦落为药企漂白信息的运作场。"

此外,韩院士在书中不止一次提到格言"有时去治愈,常常去帮助,总是去安慰。"他甚至告诉读者,以前他在基层当医生时,"很多病人是我安慰好的"。注意"安慰"是全部情况(总是),而"治愈"只是部分情况(有时)。

我们是不是可以这样理解:由于医学并不是精密科学,我们对人体生命的运作机制远未完全了解,很多治疗措施其实是无效的——韩院士在书中说"现代医学碰到了循证医学的困境"也有此意,所以在很多情况下,医生对病人提供的安慰其实构成了治疗的一部分。韩院士对于"医生的态度也是可以治病的"这一点,一卷之中,三致意焉,对此不应该理解为文学修辞,而应该视为对事实的陈述。

■ 在医学科普领域,虽然也早有人在倡导医学人文,或者用更通俗的话来说,就是让医学人性化(这本来也是医学的初衷),但非常遗憾的是,在强大的科学主义力量之下,医学人文的普及远远没有达到理想效果。在这种情况下,更需要一个强有力的声音。韩院士以其特殊的身份,出版了这样一本书,希望这能够成为普及医学人文的一个转折点。

相比起其他的科普,医学科普与所有的人都要更贴近,更实用,更接地气。目前,由于医学界种种的问题,以及在科普观念和方式上的误区,实际上造成了许多严重后果。例如,医患关系问题,人们出于对科学的误解和对医学效能边界的误解,幻想"科学"的医学能解决一切人间病痛,等等。不能不说医学科普的不到位在其中也很有责任。

在韩院士这本书中,还有一个问题值得谈谈,即他对中医的看法。首先,他将中医排除在科学之外,但他却并非因此而排斥中医,而是对中医给出了很高的评价,这实际上体现出了一种在西医(乃至部分中医)从业者们当中不多见的医学多元论立场(如果不是说科学多元论立场的话)。这样的立场,显然是很人文的,而非科学主义的。由此,是不是可以说,我们对医学人文领域也需要更加宽泛一些的理解,而不只是"有时去治愈,常常去帮助,总是去安慰"那样(当然也非常重要)的基本认识?

《医学的温度》,韩启德著,商务印书馆,2020年10月第1版,定价:39元。

原载2021年8月18日《中华读书报》
南腔北调(187)

必须重新思考技术和技术史

□　江晓原　　■　刘　兵

□　鸿篇巨制的《技术史》(*A History of Technology*, 1954—1983),17年前出版过中译本(七卷本,上海科技教育出版社,2004),现在由中国工人出版社出了新版(八卷本,增加了索引卷)。对我最近的研究而言,这个新版的到来简直是太及时了,太合适了!

因为最近两年,我对科学和技术的关系有了全新的认识。从发表"科学画图景,技术见真章"的公开谈话开始,我的想法迅速发展,我现在认为:我们有足够的理由,将技术和科学看成两个独立的平行系统,而不是将技术看成科学的附庸。以前我们谈到过技术的历史比科学更长,就是这样的理由之一。另一个重要理由是,许多科学理论,恰恰是靠了技术的力量才得以证实、光大乃至封神的。比如,如果没有原子弹和核电站,关于核物理的理论,就会和千千万万曾经出现的科学理论一样,尘封在故纸堆中。所以,将技术和科学看成两个独立的平行系统,具有很强的解释能力。

归根结底,改变世界的是技术。那些真正改变我们生活的其实都是技术。仔细想想,从我们的高铁、5G、北斗系统、手机、两弹一星……哪一样不是技术?和许多科学理论不同,技术成就不会无法验证,技术成就是看得见摸得着的。解决一个问题,管用就是管用,不管用就是不管用。技术成就也不可能变成像"宇宙的最初三分钟"那样无法验证的东西,技术一定是可验证的,成就是成,不成就不成,所以我说"技术见真章"。

在这样的思想背景下,重新来回顾技术的历史,就会感觉眼前一亮。所以《技术史》新中译本的出现,就像一片明亮的阳光,将照亮我们理论思考和发展的新征程。

■ 确实,在以往传播中常规的说法是,科学是基础,技术是在科学理论的基础之上发展起来。当然也不排除有这样的例子,但在技术史上,更常见的,还是技术以相对独立的方式自己发展起来。那种从科学到技术的单向的发展,应该更主要是以一种理想化的哲学理论的方式来看科学发展和技术发展的关系。而历史维度的探索,则会以相对更符合实际的方式揭示科学和技术发展的历程。尽管在这种发展中,两者也有各种彼此相互影响、相互作用的情形。

就对人类社会生活的影响而言,显然技术的作用要远大于科学。但长期以来,在对技术的关注方面,无论是技术史还是技术哲学,其被注重的程度,似乎都远不如以科学为研究对象的科学史和科学哲学。这背后的道理,倒也是值得人们反思的。

人们的哲学观念会在一定程度上影响人们看待历史、撰写历史和理解历史。这套《技术史》初版是在20世纪50年代,自然其撰写也会与当时人们看待技术的眼光有关。但历史的好处在于，至少从其中讲述的史料和史实中，持新立场的人们也可以看出新东西。也许，你前面的讲法，也有这方面的因素吧。

　　□　　确实如此。在将技术视为科学附庸的那种图景里，不仅容易忽视技术本身取得的成就，更严重的问题是，经常将技术的成就算在科学的账上。技术和科学，谁的成就就应该记在谁的账上，为什么要强调要这一点？因为这关乎我们对资源的投入。

　　如果技术的成就总是被记在科学的账上，科学当然就有理由要求社会做更大的投入。如果我们把账算清楚了，发现科学那个账上其实成绩只有一点点，而技术的功劳簿很厚很厚，我们当然就会在技术上投入更多资源。而这部《技术史》，恰恰就是一本很厚很厚的技术功劳簿。它非常适合帮助我们将以前那些糊涂账算算清楚。

　　举例来说，《技术史》第3卷第21章讨论了世界各大文明的七种历法，以及有关的周期问题；第22章讨论了各种类型的天文仪器。历法和仪器，当然都是技术，但是在以往的科学史著作中，这两个内容几乎毫无例外总是被放在"天文学"的章节中来讨论，而天文学长期以来一直被视为科学的冠冕，人们也一直在观念中习惯于将历法和天文仪器视为理所当然的"科学成就"。

　　严格地说，第3卷这两章中的"技术功劳簿"还远不是完备的——因为其中完全没有讨论中国特有的阴阳合历，也没有论及中国古代的赤道式天文仪器系统。但这点可以理解的瑕疵并不会摧毁这两章的价值，因为重要的是，作者将以前向来记在科学账上的成就，正确地记在了技术的账上。类似这样的例子，在这部《技术史》中还可以找到不少。

■ 将科学与技术的功劳簿分开，这确实是一个挺好的想法，阅读这本技术史，也确实能够达到这一目的。不过，摆"功"只是技术史功能的一部分，与之相对的，自然也可以有"过"，就"过"来说，有时技术更为直接地对人类社会带来负面影响。对此，虽然也有人强调技术本身是中性的，问题出在使用技术的人，但这并不能算是让人完全满意的回应。因为有些技术确实从一开始就不是以向善的目的被搞出来的，因而现在国际上才会强调科学技术工作者要进行"负责任的创新"。

我们应该意识到，毕竟此套书成书的年代较早，那时，对于像中国古代技术这类非西方传统的技术还没有像今天这样被关注，所以才会出现你所说的"技术功劳簿"还远不完备的情形。另外，这套书在写法上，也主要是内史的倾向。随后的学术发展中，虽然技术史仍不像科学史那样被更多的人谈论和重视，但在对技术的历史、哲学和社会的研究中，还是有着大量的新成果、新观点的。

然而，即毕竟到现在为止，还没有一套同类书在规模上可与此书相媲美。如果能够借鉴后来在对技术的人文研究中的新观念来阅读，此书丰富的史料与史实还是非常有意义，可以读出新感悟的。

□ 本书原版第1卷出版于1954年，最后的索引卷（第8卷）出版于1983年，前后持续了30年，也真是浩大的文化工程了。虽然正文第7卷出版于1978年，考虑到这种著作写作时间往往很长，收集资料的截止年份，多半在出版年份的好几年之前，所以我们大致可以认为，这部《技术史》反映的是人类历史上截止于半个多世纪之前的技术成就。

不过,考虑到本书涉及的历史长达数千年,少了最后半个多世纪的内容,倒也不至于构成太大的缺陷。因为许多技术进步的实际价值,以及它们的历史地位,都需要经过足够长的时间才能够真正反映出来。

但是在这最后的半个多世纪中,最大的、最应该纳入视野的变化,无疑就是中国作为世界工厂的崛起。这种崛起不仅改写了全球产业版图,也为技术进步提供了崭新的篇章,比如中国今天的高铁、通信、桥隧等。可惜的是,现代中国恰恰是本书论述中的盲区。这倒也不能深责本书主编和各卷作者,一者他们撰写本书时,中国还是一穷二白的国家,在技术成就上乏善可陈;二者在西方中心论的传统下,许多西方学者习惯以"中国特殊论"来为自己的中国盲区开脱,所以本书中的现象相当常见。

至于你提到的技术的滥用,以及历史上某些"从一开始就不是以向善的目的被搞出来的"技术,本书恐怕无暇论述。你说本书的写法是"内史倾向",也有助于理解这一点。我感觉建立一本厚厚的技术功劳簿,本身就是一大功劳,我们就不必苛求这部鸿篇巨制承担过多的功能了。

■ 你讲到时间的问题,那么这半个世纪以来的技术发展,当然无法被写入书中。不过,相比于此前数千年技术的发展,再考虑到历史需要时间的沉淀,所以这半个多世纪的技术发展没有写入也算是合理的,尽管这半个世纪以来技术的发展极为迅猛和影响巨大。

但历史的撰写还受另外一些因素的显著影响,也即人们的历史观,因而才会有"一切历史都是当代史"之说。半个世纪以来科学史家和技术史家们的历史观念也发生了巨大的变化,比如你提到的在西方中心论观念方面的转变、我提到的关于内史倾向的问题，也应该是属于这种历史观念及其对历史写作的影响。你一直在提功劳簿，其实，对于评价功劳，与历史观念相关的价值判断，也会影响到对功过的认可的。

也正是因为以上原因，我会更加看重此书的史料价值，换一种历史观，又会对史料有不同的评价和解读。

□　看来你下意识里对此书的评价恐怕要比我稍微低一点了。不过你认为评价功劳会因历史观念和价值判断而异，我非常赞同。

比如，对于认为技术只是科学的附庸、习惯于将各种技术成就统统算到科学账上的人看来，一部技术的历史仍然不过是一曲科学的颂歌而已，而且这部《技术史》还很可能是一曲难以令他们满意的拙劣颂歌——因为书中没有将技术成就算到科学账上，没有将技术视为科学的附庸。恰恰相反，本书第1卷所考察的技术的早期历史，有力证明了技术并不需要以科学为基础——那时候世界上根本没有"科学"此物，但技术却已经在各个古老文明中诞生并发展了。

又如，到了本书第7卷，上接第6卷继续讨论20世纪的技术，其中第48章为"计算机"，这里作者当然将计算机当作技术来讨论。本来这完全正常，但我偏偏想起我们多年来流行的一个词汇"计算机科学"，顿时感慨万千。这个词汇我们都耳熟能详，还有不少类似的表达，例如"材料科学"之类，大家都见怪不怪了。这种将一门技术后面硬按上"科学"的表达方式，是特别典型的"将技术成就算到科学账上"的行径。在"计算机科学"这个表达之下，任何相关进展，无论是软件开发还是硬件改进，哪怕是存储、散热、接口……所有的一切都变成了"科学进展"，这简直可以说是强盗行径。

　　劫掠技术成就作为自己的功劳,是当下科学主义非常有害的表现之一。我之所以一再提到"功劳簿",就是因为这部《技术史》在很大程度上可以作为科学主义的解毒剂。

　　■　理解一部作品产生的时代和局限,并不就意味着评价的高低。许多经典作品也都是年代久远的,但仍被人们称为经典,给予了很高的评价。当然后世对经典作品新的解读和新的诠释,同样必不可少。

　　其实从你前面的诸多评论和联想来看,你已经是在很有些不同于原作写作的观念中去阅读这套书和思考技术史问题了。我们也很难说你讲的那些,就是原作作者有意想要传达的意思。但基于此书,你、我,相信还会有许多其他人,仍然会读出理解上的诸多新意。在原作这种细致扎实的研究中,积累了大量翔实可靠的史料,其学术价值本身就是非常巨大、无可置疑的,学术也正是以这样的方式来积累和发展的。

　　《技术史》,(英)查尔斯·辛格等主编,王前、潜伟、高亮华、辛元欧、远德玉、姜振寰、刘则渊等主译,中国工人出版社,2021年6月第1版,定价:1980元(全8册)。

原载 2022 年 2 月 16 日《中华读书报》
南腔北调（190）

戴蒙德的文明史：
地理环境决定论还有生命力吗？

□　　江晓原　　■　　刘　兵

　　□　　这本《枪炮、病菌与钢铁》初版于 1997 年，可能要算戴蒙德迄今为止最重要的著作了（他此后还出了不少书）。此书 16 年前就有中译本，记得当时也颇引人注目，尽管有人对那个译本的翻译颇有微词。这次中信出版社一举推出戴蒙德四部著作，非常有价值。从总体上来看，这次我们准备谈的《枪炮、病菌与钢铁》最具思想深度和启发性，《崩溃》次之，这两部都采用了新译本，另两部的启发意义虽或稍减，但也颇有可取之处。

　　戴蒙德在本书一开始，设置了一个"亚力的问题"。亚力是太平洋上新几内亚岛当地的一位政治领袖，他的问题是："为什么是白人制造出这么多货物（指现代工业制品），再运来这里？为什么我们黑人没搞出过什么名堂？"戴蒙德写这本《枪炮、病菌与钢铁》，就是试图回答亚力的问题。

　　亚力实际上是在问:为何现代化(工业化)出现在欧洲而没有出现在新几内亚? 在这类问题的讨论中,稍不注意,就很难避免西方中心主义的影响。而为了避免这种影响,一个看上去相当有吸引力的路径,是将这类问题嘲笑为"就是问梨树上为何没结出苹果"。这样的嘲笑虽然从形式上有力消解了这类问题的理论价值,就表达方式而言也有吸引力,但终究不如尝试正面回答这些问题,更有建设性。戴蒙德就是试图从正面来回答这些问题——认真解释梨树上为何结不出苹果。

　　■　我看到了此书附赠的解读本小册子中你所写的对戴蒙德四部著作的解读。从那份解读中以及从你前面的开场白中,看得出你对这部著作的评价还是很高的。不过,我个人的评价可能与你有所不同,其中涉及的问题我们可以在后面讨论。

　　所谓"亚力的问题",看上去总是让我联想起"李约瑟问题",尽管其间还是有所不同。就像曾有历史学家在评论李约瑟问题时说过的,关于历史上什么事为什么没有发生,并不是一个合适的历史问题。当然,不管是否是合适的历史问题,对李约瑟问题的讨论还是引发了不少有启发性的思想。

　　另一方面,从戴蒙德对"亚力的问题"的回答中,也可以看出几个特点:一是突出关注超长时段的历史发展;二是更基于地理环境的决定论,用地理环境来解释在超长时段中"非近因"要素对后来发展的决定性影响;三是其论证方式,很明显地表现出科学家式论证的思维方式。就这几点来说,显然与标准的历史学家的方式很不一样。你的专业是科学史,也属于历史研究,在这样的背景下,我倒是很想听听你对我上面提出的几点总结的评价。

□　你的联想很自然,而戴蒙德并不是一个受过科学史训练的人,他的研究思路,可能还是植根于传统的文明史研究。在这类研究中,"人种论"和"地理环境决定论"可以说都是历史相当悠久的思想方法了。

从"亚力的问题"的文本,很容易让人从人种上来思考,即亚力提到的"白人"和"黑人"有何不同,但这直接指向种族歧视,政治上严重不正确,如今在"白左"主导的美国大学中更是严厉禁区,戴蒙德当然不敢去涉足,他还在本书中驳斥了这样的理论。

而和以往的研究者相比,戴蒙德尝试对"地理环境决定论"给出更为精细的论证,他设立了关于地理环境的四条标准:

一、食物资源,包括可驯化的动物资源和可利用的植物资源。有了丰富的食物才能喂养更多的人口,才能有人力从事觅食之外的工作,从而形成文化积累。

二、传播与迁徙的条件。有了传播与迁徙,文明才可能传播和交流。例如欧亚大陆显然有利于传播和迁徙,而新几内亚作为太平洋中的岛屿,传播和迁徙的条件非常不利。

三、洲际传播的条件。欧亚大陆又独占优势,而美洲就比较差,大洋洲就更差了(可以看成放大版的新几内亚)。

四、面积和人口。必须有足够大的土地面积,和足够多的人口,文明才能高度发展。

按照这样四条标准,最有利于文明发生发展的地区,毫无疑问必在欧亚大陆某处。事实上,戴蒙德在欧亚大陆找到了两处这样的地方:第一处是"中东肥沃新月地带",即古称美索不达米亚、今伊拉克及其周边地区,根据现今已发现的证据,该地区确实是人类文明发达的最早地区。第二处则是中国,在戴蒙德眼中,中国是一个得天独厚的地区。

但接着问题就来了:肥沃新月地带和中国,都没有出现欧美的"现代国家",这显然需要进一步的解释。

■ 戴蒙德的论证,倒是也有着比较严密的逻辑,似乎这也体现着我所说的那种科学家的思维方式。但也正像你所说的,在这样的前提下,对于肥沃新月地带和中国后来的发展,却需要进一步的解释。

不过,从戴蒙德这种在当下主流专业历史学领域中并不太常见的宏大叙事的写作方式来看,他的另一个更根本的预设就很重要了——那就是在历史的发展中,特别是在他所研究的这种超长时段的历史发展中,存在着某种规律,而且这种规律是可以由研究发现的。

确实,过去一些历史学家都曾以要找到这种历史规律为其主要工作目标,但后来却基本放弃了这样的追求,这样的变化应该是有其道理的。这就涉及更为根本的历史观和历史研究方法论问题了。

戴蒙德的一个研究特色,是明显的跨学科性。他采用了大量的考古学、生物学等材料,但针对如此多因素的复杂历史系统而言,就像现在自然科学研究中所必须采用的理想化方式一样,在他的分析讨论中,对如此众多的复杂因素他又是相当有选择性的,而这样的选择无疑是对历史的一种简单化。虽然这样的尝试也是有意义的,但毕竟有别于当下专业历史学家们的研究风格。对于这种以理想化、简单化的方式去找出的历史的"规律",我总还是很有些怀疑。

　　□　　我赞成你的怀疑。事实上,那种想把自然科学的研究方法应用到历史研究中的想法,至今仍是镜花水月。不过就本书而言,戴蒙德的研究方法,基本上还是传统的历史研究方法。他对考古学、生物学等材料的运用,也没有超出历史学家通常的倚重程度。

　　历史发展的"规律",都是人们事后"总结"出来的。如果有人能够用"规律"正确预言未来的历史,那就是先知,而不是历史学家了。然而先知的角色也一直诱惑着历史学家,戴蒙德也未能免俗。这就引导到他对肥沃新月地带和中国都未能出现欧美式"现代国家"的解释了。

　　戴蒙德虽然认为"欧亚大陆西部地区几乎每一项重要的创新都是在中东肥沃新月地带发明的",但经过亚历山大东征和罗马帝国的征服之后,权力中心一再西移,新月地带最终只能走向衰落。

　　我们可以姑且同意戴蒙德对新月地带命运的解释及格,那么他接下来最大的难题就是解释中国的命运了。但到这时候,戴蒙德似乎感觉"地理环境决定论"已经无能为力了,他转而求之于"政治制度决定论"。

　　戴蒙德认为在政治制度上,欧洲的分裂优于中国的大一统。他找到的证据是:欧洲有几百位王公,所以哥伦布可以在几次碰壁后最终找到赞助人,赞助他去"发现"美洲;而大一统的中国只要政府一声令下,郑和庞大的舰队就全面停摆。所以,大一统的中国最终落后而分裂的欧洲最终胜出了。戴蒙德甚至表示,只要中国继续保持大一统,"同样的灾祸将再次重演"——看到没?扮演先知的诱惑在戴蒙德这里也出现了。

　　我们必须注意到《枪炮、病菌与钢铁》初版于1997年,那时中国还没有成为世界工厂,戴蒙德不可能想象到中国今天这种规模的崛起。事实上,到了今天,戴蒙德对中国文明命运的解释,已经完全破产。郑和的舰队固然因政府一声令下而停摆,但是更强大的舰队也可以因政府一声令下而再次走向深蓝,更不用说高铁、北斗……这些大一统明显优于分裂的例子正在层出不穷。

■   戴蒙德确实在他的书中认为历史可以起到预言的作用,在这一点上,他就与当下主流的历史学家们分道扬镳了。但是,从你前面所说的来看,我倒是更有些疑惑了。一方面,我觉得你还是对戴蒙德的此书有相对的认可,而另一方面,你又对他的一些说法——例如他关于中国的历史命运的说明的困难和解释的方法有所质疑。那么,总体来说,你到底对他的研究的评价是怎样的呢?抑或只是认为他在部分地方存在问题?

另外我还有一个困惑,希望也能在对谈中听听你的意见。这本书究竟应该如何定位呢?从中译本的情况来看,这已经是第二个版本了,而且据说市场销量还相当不错。但从我阅读的感觉来说,却是觉得作者在书中的叙事方式太过细节化,运用了太多来自不同学科领域的细节材料,有时甚至让人只有努力把持才能避免迷失在这些细节之中。这样的书,读者会是些什么人?什么人会喜欢读这样的书?它是一本通俗的读物吗?如果不是典型的通俗读物,为何此书又能在中国畅销呢?

□   首先,我有一种感觉:"地理环境决定论"和"政治制度决定论",两者不是一个层次的假说,或者说,前者比后者更基础。例如,人们可以提出这样的假设:是地理环境决定了当地人们对社会制度的选择。事实上,早就有学者做过这样的论证:中国的环境适合农耕文明,而农耕文明需要大一统的政治制度。

你对本书"让人只有努力把持才能避免迷失在细节中"的评价,非常独特,也是准确的。当然,当我们持研究态度阅读任何一本有一定学术含量的书时,为了不被作者牵着鼻子走,"把持"总是需要的。这就直接引导到对本书的总体评价了,我对此书的定位是:照顾到了通俗化的学术著作。事实上,大部分学术著作出版时,出版商总是会要求作者尽量照顾到通俗化,这在中外都一样。而文明史类的著作,通常总能够吸引不少有文化追求的读者。

我肯定此书的启发意义,这并不需要完全认可书中的所有论断。例如,戴蒙德对中国文明命运解释的破产,恰恰从理论上挽救了他前面的"地理环境决定论"——现在,中国成了欧亚大陆上唯一"命中注定"要成功的土地了。而在将来,如果人们还想用政治制度来解释欧洲和中国的命运,他们为什么不能得出"大一统优于分裂"的历史结论呢?

■ 到底"地理环境决定论"还是"政治制度决定论"更为基础,这还可以讨论。至于是"大一统"还是"分裂"更优,同样也需要考虑其他因素才能回答,而且,恐怕也难给出一个普适的标准说法。就你所说的中国的"命中注定"要成功,既然你在"命中注定"一词上加了引号,这样的思路也许同样是适用的。但不管怎么说,你认为此书具有启发意义,这点我是同意的。那也就看不同的读者在其中可以获得什么样的启发了吧。

《枪炮、病菌与钢铁——人类社会的命运》,(美)贾雷德·戴蒙德著,王道还等译,中信出版集团,2022年1月第1版,定价:89元。

围观一场"为什么相信科学"的讨论

□　江晓原　　■　刘　兵

□　刘兵兄,我们的"南腔北调"对谈专栏,和我主持的这个"科学文化"版面,到这次整整 20 周年了。在这个值得纪念的日子里,围观一场"为什么相信科学"的讨论,倒也相当应时应景。

这本书的主标题,看上去像没事找事,其实却是相当富有启发性的。不过这种启发性的实际后果,可能与作者所期望的大相径庭。

要实现这种启发性,不妨先回想一下,我们从儿时开始接受的教育中,要求我们对科学抱什么态度? ——热爱科学。但是在基本教育中,通常不会给出为什么要热爱科学的理由。也许在许多人看来,热爱科学就和热爱祖国一样,不需要理由。但科学毕竟不是祖国,热爱科学需要理由。

让我们先回到"热爱"最原始的意义上去。如果你问一个热恋中的小伙子,为什么热爱那个女孩? 如果他回答说:因为恋爱哲学已经论证,我应该信任那个女孩,所以我热爱她。这听起来像不像神经病? 如果他朴素地回答说,我喜欢她;或者回答说,她多漂亮啊! 那才是正常的。

现在,本书作者就是试图向我们论证:(科学哲学或科学社会学)能够表明,我们应该信任科学。换句话说,作者想给出我们信任科学的理由。如果你接受了她的理由,是不是接下来就会热爱科学了? 依照我们习惯的思维,那当然就应该会的。

■　好,就顺着你的话题来讨论吧。我觉得,你刚举的例子有一定道理,但也有些问题。因为热爱、喜欢某个东西,在很大程度上是一种情感,而并不一定与"相信"相联系。所以,人为什么会相信什么,真的是一个很哲学、论证起来很麻烦、又会有许多争议的事。一个宗教徒相信宗教,一个科学家相信科学,或许都可以给出他们自己的理由,但为什么他们给出的理由就可以让他们相信? 要讨论起来又会非常复杂甚至说不清楚。依稀记得好多年前我曾听过一个哲学讲座,题目大约是"人们为什么会相信",报告者最终给出的答案居然是"因为相信"。当然,前后两个"相信"是在不同的意义层面上。

所以我觉得,人们相信什么,或者说人们相信什么的理由是什么,要想真正讲清这个问题,仅仅依哲学论证恐怕真的很难。

但作者既然谈及这个问题,自然也要给出作者的论证。在本书中,第一篇演讲"为什么信任科学:科学史和科学哲学的视角"是非常重要的,很能反映出作者的基本立场和倾向。她在比较详细地总结了科学哲学的研究发展和各家观点之后,给出的结论是:人们相信科学是因为(1)它与世界的持续接触,(2)它的社会属性。你觉得这是关于人们相信科学这件事所独有的、很有说服力的、在逻辑上很严密的论证吗？

□　说实话，我完全没有这样的感觉。

我们先来看理由（2）。作者在第一篇演讲中为此花费过不少篇幅，她在"后记"中又一次谈到这个问题。她认为，一直存在于教科书和公众对科学的想象中的观点是"科学家们遵循一个魔法公式（科学方法）来保证结果"，她对这种信任科学的理由嗤之以鼻，因为"它经不起历史的推敲"。而能够说服她的理由是："真正经得起推敲的是，把科学描绘成专家们共同的活动，他们使用不同的方法来收集经验证据，并批判性地审查由此得出的主张。"这里所谓的"对科学主张的批判性审查"，也就是她强调的科学的"社会属性"，这被她正面描述为：

由训练有素、资格齐备的专家组成的群体中，通过专门的制度以集体的方式运作，如同行评议的专业期刊、专业工作坊、科学社团年会和服务于政策目的的科学评估。

我们都很熟悉，上面这段话就是对科学界"同行评议"的理想化陈述。所以剥开那些学术话语的包装和递进，本书作者这条理由用大白话说出来其实就是：科学之所以值得信任是因为它有同行评议。

这话能说服我们吗？同行评议能摒除学术偏见、利害考虑、个人情感的干扰吗？更何况，科学"顶刊"上发表的经过同行评议后来却被判定为造假、剽窃而遭撤稿的论文还少吗？还有那些名垂青史的"伟大的论文"，发表前却并未经过同行评议（例如1953年发表在《自然》上的关于DNA双螺旋模型的论文）。将明白易懂的"同行评议"

表述成"科学的社会属性"这样弯弯绕的学术黑话,并不能为论证增加一丝一毫的说服力。

■ 我也认为作者的这种论证说服不了我。不过,在她的论证中,还有一些问题是值得讨论的。比如,就她论证科学值得相信的两点理由,在进一步的解释中,实际上又可以化为"专业化"和"实践"这两个方面。就第一个方面,可以争辩的是,什么才叫专业化,只以水管工和医生来对比是不能充分说明问题的。我们完全可以设想,当一个极端相信西医的西医和一个极度只信中医的中医相遇时,他们会彼此认为对方都是符合"专业化"要求的吗? 而且,就像你前面提到的学术偏见、利害考虑、个人情感等因素,即使在同一个行业中,以专业化的限定来解释对科学的信任问题,还是不能令人充分满意。

有趣的是,作者在分析了诸多科学哲学关于科学的理论,指出它们的不恰当性之后,居然很推崇以哈丁的理论为代表的女性主义科学哲学。不过在这方面,我觉得作者也很可能存在一些误解,把女性主义的一些批判,转过来用于支撑其说法。比如关于客观性问题。其实,女性主义阵营中很多人对于主观性与客观性相对的二分法及对之赋予的不同价值判断都是持批判立场的,认为在这样的二分法中,人们以前过于贬低了主观性的价值。

当然,作者的有些说法也还是有价值的。比如作者认为在科学家们的专业领域之外,他们可能并不比普通人更了解情况。我们会联想到,过去曾有人大力宣传,说有多少位诺贝尔奖得主签名支持转基因之类的宣传,但在那些签名者中,可以归于转基因专业领域的人所占的比例又是多少呢? 更何况,讨论为什么信任科学,肯定会涉及所有的人,而不只是科学家。但由于专业的限制,那些"非专业"的普通人又如何能理解专业而信任科学呢？这似乎是一个更大更复杂的问题。

□　我们为什么信任科学,确实是一个非常复杂、非常深刻的问题。我们不妨换一个角度来思考这个问题。

一方面,从哲学上进行"我们应该相信科学"的论证一直无法令人满意,本书作者正是因此而撰写本书。本书译者则在译序中断言"20世纪以来,从知识论上为科学的辩护彻底失败"。但另一方面,在现实生活中,确实有无数的人相信科学。

如果问他们为什么相信科学？绝大多数人肯定不会回答"因为从知识论上为科学的辩护是成功的所以我相信科学"。他们也肯定不会因为本书作者关于"科学与世界的持续接触"和"科学的社会属性"之类的论证而相信科学——公众中有几个人会乐意看这些弯弯绕的学术黑话啊？他们相信科学,其实绝大部分情况下只是从小受的教育使然,人云亦云而已。

更理性一些的人,会因为"科学给我们带来了现代化生活"这个朴素的理由而相信科学。这个理由确实非常朴素——因为事实上它是站不住脚的。在非常大的程度上,带给我们现代化生活的其实是技术,只是我们一直习惯于将技术的成就算到科学的账上而已。

本书作者看来也是愿意将科学和技术有所区分的,她举的技术例子是"管道安装",这确实明显属于应用技术。她在"后记"中说:"将科学(在这里我包括了社会科学和自然科学)与诸如管道安装等区分开来的关键因素,是对各种观点进行社会审查的中心地位。"她的意思等于是说:科学有同行评议,而技术没有同行评议。区分科学和技术的关键指标居然是有没有同行评议！

不过她的这个说法虽然相当出人意表,其实倒也不是十分荒谬。因为在很多情况下,技术可能真的不需要同行评议——实际效果就检验了技术的成败。而科学因为缺乏这样的实效检验,所以不得不求助于漏洞百出的同行评议。

■ 人们为什么会相信科学,和有些人为什么会相信宗教,这两个问题有某种相似性。当然不同的人给出信任所依赖的理由和基础是不同的。

但如果把话题转到技术上来,你上面的说法确实可以成立。不过,这又会带来另外的新问题。因为就应用技术的后果来说,某些负面结果会更直接一些。甚至一些反对"科学研究有禁区"的人,也经常会以把科学和技术分开的方式,认为只有技术会在应用中产生负面效应,并以此来支持"科学研究无禁区"的主张。

我们可以先不讨论科学研究有无禁区的问题,而是集中在技术上,毕竟在中国的语境中,科学一词也经常在宽泛的意义上把技术包括在内,而且在一些前沿发展中,科学和技术的边界也更趋于模糊。但如果技术真的可能带来负面效应(这一点甚至在国内的基础教育文件和课程标准中也有体现),那么在社会上,在公众中,又如何能够"信任"技术呢?

□ 如果我们同意将科学和技术视为两个平行系统,那就不难发现,是否信任技术的问题,比是否信任科学的问题简单得多。

我们考虑是否信任技术时,通常都是考虑一项一项的具体技术,这就非常简单——管用的技术就信任,不管用的就改进或废弃。可是当我们谈论"是否信任科学"时,却总是将科学视为一个整体,所以你如果表示信任科学,那么以科学的名义做的一切事、说的一切话,你就都要信任。这种局面,风险不是很明显吗?

不仅如此,由于我们习惯将技术的成就算到科学的账上,结果在许多人的习惯思维中会出现这样一幕:当他乘坐高铁舒适快捷旅行时,他感叹说:这就是科学的成就啊! 于是他对于黑洞、引力波、弦理论……也都深信不疑了。可是高铁明明是技术,而且和黑洞、引力波、弦理论毫无关系——难道有人能证明高铁是建立在黑洞理论基础上的吗? 那么他信任科学的逻辑依据在哪里呢?

■ 你说的情况确实存在。一方面,我们在思考这个问题时确实可以将科学和技术分开,尽管这有时也有一定的困难;另一方面,还要考虑"信任"是指什么,是指其知识是客观的、可靠的、真实的,还是指其知识的应用(无非是精神或物质方面)是可行的、好的、无不良后果的? 讲信任技术,也许更多的是指后者。但实际上,无论前者还是后者,又都是在合理的范围内可质疑、可讨论的,而不只是一味以"信任"作为前提就可以无保留、无条件地盲目相信和接受的。或许这样一种立场才是理性的。但令人忧虑的问题在于,许多关于科学和技术的宣传,却是让公众盲目信任,而不是理性怀疑。

《为什么信任科学——反智主义、怀疑论及文化多样性》,(美)内奥米·奥雷斯克斯著,马建波等译,上海科技教育出版社,2021年12月第1版,定价:68元。

原载2023年3月1日《中华读书报》
南腔北调(196)

温伯格的玩票科学史和科学辉格史

□　　江晓原　　■　　刘　兵

　　□　　科学主义者相信:科学=正确、科学能够解决一切问题、科学是人类至高无上的知识体系。这三条往往表现为下意识,或者只是内心深处的信念,通常不方便直白说出。科学共同体的成员,当然不会每个人都是科学主义者,尽管科学主义者在他们中的密度可能比在一般公众中的密度要大一些。

　　这次我们打算谈的这本书,取名《第三次沉思》(*Third Thoughts*),从字面上看完全不反映任何主题信息(本书的一篇序中说温伯格自己同意是"第三本文集"之意)。护封后勒口上译者秦麦的简介中,居然写着:天文学硕士、教师、占星师、自由译者、天文爱好者。"沉思"+占星师,很可能让不了解内情的人误以为是一本讲伪科学的书。

　　本书作者温伯格(Steven Weinberg)是诺贝尔物理学奖得主,因为有点热衷于"跨文本写作"(写学术论文之余也进行大众文本写作),所以在公众中也算薄有浮名。本书就是他在报纸上发表的文章集结,属于大众文本。

我想我们可以从一个你非常熟悉的问题开始讨论。温伯格作为物理学家,也玩票写过一本科学史著作《给世界的答案》——据说这本书没有像他的其他著作那样广受好评,而是招致了不少批评,因为他在书中宣称:辉格史学应该在科学史中有一席之地。而在《第三次沉思》所收的25篇文章中,有两篇是温伯格对上述批评的回应——他当然坚决为自己的主张辩护,极力论证辉格史学在科学史中具有独特的合理性。我知道和辉格史学有关的话题曾经是你非常熟悉的,因此很想听你先谈谈对温伯格上述观点的看法。

■ 我也正想重点谈谈这个问题。关于辉格史学,是一般历史学中,尤其是科学史中非常核心的问题之一。如今,这个概念在国内科学史界也是基本常识了,不过可以有点自得的是,在20世纪90年代初,我还是在国内最先介绍引进与辉格史问题有关理论的人呢。

简要地说,20世纪30年代的英国历史学家巴特菲尔德在其《历史的辉格解释》一书提出了这个问题。他认为,这是"在许多历史学家中的一种倾向:他们……强调在过去的某些进步原则,并写出即使不是颂扬今日也是对今日之认可的历史。历史的辉格解释的重要组成部分就是,它参照今日来研究过去……通过这种直接参照今日的方式,会很容易而且不可抗拒地把历史上的人物分成推进进步的人和试图阻碍进步的人,从而存在一种比较粗糙的、方便的方法,利用这种方法,历史学家可以进行选择和剔除,可以强调其论点"。

在科学史发轫之初,科学史写作大多是职业科学家的业余爱好,那时的科学史基本上也都是"辉格式"的。大约从20世纪50年代起,随着科学史研究的职业化和研究队伍的不断壮大,新一代的科学史家从一开始,就更多地接受了人文科学的训练,相应地,新的研究传统和新的价值标准得以巩固。不那么极端的反辉格史的倾向已经成为专业历史学家的某种标配。

但或许是因为作为诺贝尔奖获得者这样的权威身份,让温伯格很有自信地宣称他对辉格式科学史的肯定和坚持。这里也许还有很多原因可以讨论,例如这与温伯格对科学的"正确"和科学之进步的强调等是密切相关的。但至少,在"专业性"的问题上,温伯格的自信是可以被质疑的。设想,如果一位历史学家要对物理学领域的专业问题发表意见,那物理学家们又会如何反应呢?

□ 我们不妨先"就书论书",在《第三次沉思》的"关注当下——科学的辉格史"一文中,温伯格为科学史中的辉格史学辩护的主要理由是:科学是在不断积累和进步的,不像人文学术,可以几百几千年在一些根本问题上原地踏步纠缠不休,"但是我们可以完全自信地讲,时间的流逝已经证明,关于太阳系,哥白尼是对的,而托勒密的信徒们错了,牛顿是正确的,而笛卡儿的追随者们错了"。温伯格还找科学界支持他观点的人来壮声势:"我想这是因为科学家们需要这样的科学史——关注当下科学知识的科学史。"

是的,温伯格的玩票科学史,可能是科学家需要的科学史,但他显然忘记了,或者根本没有注意到,这却不是历史学家或科学史家需要的科学史。根本的问题在于,温伯格完全误解了科学史的目的和功能——这正是一个票友进入陌生领域时很容易出现的情况。而更致命的是,许多科学家想当然地认为,自己如果想进入科学史领域玩玩票,那肯定只消略出余绪就可以轻松成为一代名票。

　　问题的根源是,温伯格和许多科学家一样想当然地将科学史视为科学的附庸——讲讲科学家的故事、讲讲科学成功的故事,唤起听众对科学的热爱和崇敬,最终目的是成为寻求新科学知识的科学共同体的啦啦队。在这样的目的之下,关注当下自然是必须的,因而辉格史学看起来也就是合理的了。

　　可是,科学史的目的,显然不是寻求新的科学知识。

　　所以,温伯格为科学辉格史辩解的主要理由是无效的。更何况,在细节上,这位票友的论证也有漏洞,例如,关于太阳系,我们早就知道哥白尼也是错的……

　　■　　所以我说这与温伯格对科学的"正确"和科学之进步的强调等是密切相关的。值得注意的是,在此书前面的多篇推荐序中,许多序作者也同样在赞同着温伯格关于辉格式科学史的主张。当然,温伯格在书中也以表面上很"谦虚"的方式提到:"像我这样的科学家必须承认,我们不能达到专业历史学家对于史料的掌握程度。"但究竟应该由谁来写科学的历史呢? 他的答案是:"都可以写。"在这表面谦虚的背后,其实透着对科学史研究的深层轻视,仿佛科学史家的优势只是掌握了更充分的史料,而并不需要其他的训练准备。就此类比,如果一位科学史家说,我们虽不能达到科学家对实验数据的掌握程度,但我们也可以做科学研究,那人们又会作何感想?

　　半个多世纪前,现代科学史学科的奠基人萨顿,曾就在科学教学中的情况评论说:"请一位著名的天文学家来讲天文学史,或者请一位化学教授来搞化学史,他们会感到这是完全自然的事(难道他未曾获得诺贝尔奖金吗? 而这不就是充分的资格吗?)……一份漂亮的教学计划印出来,那所大学的公众(教授、学生和随从)会大吃一惊,发现他们当中竟有如此众多的科学史家。谢天谢地！几乎系里每位老师都是了！当然,这样一张课程表是一种虚张声势,而且主讲人越著名(如果他们事实上不是科学史家的话),这种骗局也就越大。"我注意到,温伯格在此书中也屡屡提到自己在大学中讲授科学史课。

这也表明,除了科学史学科与科学相比的相对弱小之外,对科学史的误解,在科学家或科普工作者中,也是大有人在的。这也提示着,在当下这样一个事事追求以专业化作为传播工作之基础的时代,对于专业化的科学史的传播和理解,专业科学史工作者们仍然还有大量艰巨的传播普及工作需要去做！

接下来,我还希望能适度地谈谈温伯格的大众文本写作。我不知道你觉得他在此书中这些普及化的、也即应该是面向非专业人士的文本写作是否成功呢？这恐怕就又涉及有关科学家和科学作家(science writer)的专业化问题了。

□　你引用的那段萨顿的话,仿佛是萨顿在半个世纪前就为温伯格这样的玩票科学史特地准备的,"虚张声势""骗局"……这些措辞真是太犀利了。

至于温伯格的大众文本写作,我们不妨以书中"我们仍不了解的宇宙"一文为例来考察一番。此文是温伯格对霍金《大设计》一书的评论。虽然这种缺乏热情的书评并不罕见,但说实话这篇书评确实乏善可陈。

我们知道国外有许多物理学家不喜欢霍金,只是考虑到霍金名头实在太大,一般也不好意思直接说霍金的坏话,通常要表达对霍金的不满就说些皮里阳秋的话嘲讽两句。温伯格是否喜欢霍金,我没考察过,从这篇书评看,似乎也不像喜欢的样子。

温伯格一方面说,许多评论者将注意力集中在《大设计》的宇宙观有没有上帝这件事情上"在我看来很愚蠢",一方面自己也在书评中花了相当大的篇幅来谈论宗教和上帝(幸好他是结合着人择原理来谈的)。温伯格同意《大设计》的"主题之一确实对宗教具有影响",但对于书中的另一个主题(外星人,以及我们要不要主动寻找外星人),温伯格这篇书评中却没有一语提及。

当然,温伯格的理解能力还是足够的,对于《大设计》的第三个主题——外部世界的真实性问题,温伯格正确地指出:霍金"表达了一种对现实彻底怀疑的看法",他也意识到霍金其实已经站到哲学上的反实在论(《第三次沉思》中译本将这个词译为"反现实论",意思不算错,只是表达不够专业)阵营。

不过,温伯格最后说,他感觉必须指出《大设计》中的"一些历史性错误",我又不大赞成了。他一共指出了三条,第一条是见仁见智的事情,后两条基本上属于吹毛求疵。这估计也是刻意遵循在末尾说两句"白璧微瑕"的书评套路吧。

■ 你举例分析的是温伯格的一篇书评文章,你对这篇他评论霍金《大设计》的书评的见解,我也都同意。其实在这本文集中所收录的文章,有不少是他在《纽约书评》上发表过的。但这些文章读下来,与我以往对《纽约书评》的印象却有点不太一样,也不知是我过去的印象出了问题,还是温柏格的文章在《纽约书评》上也属另类。

本书收录的一些发表在《纽约书评》上的文章,以及曾发表在其他报刊上的文章,除了书评之外,还有不少很像我们这里的"科普文章",只不过是一位著名物理学家、诺贝尔奖获得者所写。在我读下来的感觉中,其实这些"科普文章"并不是很好懂,除了一些并无特殊新意的科学史介绍文章之外,哪怕是在讲他本人最熟悉的理论粒子物理方面的话题(例如"标准模型"),阅读的趣味性和通俗性似乎也都有些问题,至少,面向非专业人士,要想真正读懂,恐怕也还是很困难的。我想这样的普及传播,效果也还是有限的吧。

令人印象深刻的例子,是温柏格对于载人航天的坚决反对,以及他对SSC(超导超级对撞机)项目下马的遗憾。当然这又与不同领域的科学家关心自己领域经费分配的利益立场有直接关系,在这里他又确实表现出一个热爱自己的研究领域的朴素形象。或许,如果一定要为此书的特殊价值找到一个支撑点,我认为可以是:它提供了一个有名望的科学家的业余科学史和科普的代表性样本。

《第三次沉思》,(美)斯蒂芬·温伯格著,秦麦等译,中信出版集团,2022年1月第1版,定价:69元。

原载 2023 年 4 月 12 日《中华读书报》
南腔北调(197)

所谓"大科学",究竟是什么?

□　江晓原　　■　刘　兵

　　□　所谓"大科学",许多人经常挂在嘴上,但"大科学"究竟指什么,许多人在使用这一说法时其实并未考察过,只是人云亦云而已。

　　迈克尔·希尔奇克(Michael Hiltzik)是美国专栏作家和记者,得过普利策奖(1999),2015 年出版了《大科学——欧内斯特·劳伦斯和他开创的军工产业》(*Big Science: Ernest Lawrence and the Invention that Launched the Military-Industrial Complex*)一书。仅看书名就提示了应该在"大科学"问题上给我们提供新知——比如,是"军工产业",而不是许多盲目崇拜科学的人一听到"科学"二字就联想到的"探索自然"之类的塞壬歌声。

　　据希尔奇克说,"大科学"(Big Science)一词是由物理学家、曾担任美国橡树岭国家实验室主任的阿尔文·温伯格(Alvin Weinberg)在

1961年首次提出的。这个温伯格不是我们上次谈到的那位在玩票科学史中力挺辉格史学的斯蒂芬·温伯格（Steven Weinberg）。虽然这两位温伯格都是物理学家，但是他们两人之间可能非常缺乏共同语言。

例如，在著名的超级超导对撞机（SSC，"大科学"最重要的象征之一）问题上，斯蒂芬·温伯格力挺这个耗资巨大的"基础科学"项目，后来项目下马了他还经常为之哀叹；而阿尔文·温伯格作为橡树岭实验室主任，似乎更应该力挺SSC，他却成了反对派，认为国家将巨额科研经费花在SSC这样的项目上有害无益，殊无必要。

本书以欧内斯特·劳伦斯的有关工作及其历史作用为主要线索，揭示了美国"大科学"的前世今生。作者在叙事中，并未采取在科学成就和科学活动面前常见的"跪拜"姿态，而是尽量采用"理性、中立、客观"的态度，介绍和反映了各方对"大科学"及其功能的认识、理解和评价，这无疑是本书较为可取的一个方面。

■　在以前的印象中，包括学界比较常用的说法，是美国科学史家普赖斯（D. Price）于1963年在其著名的《小科学、大科学》一书中，首先提出了"大科学"的概念。这本书也曾有过中译本，在国内影响也比较大。虽然这本书是在普赖斯1962年演讲的基础上完成的，但在时间上，确实是晚于希尔奇克说的温伯格提出的时间。

不过，至少在此书的中译本中，没有看到作者给出温柏格提出这一概念的文献出处，此书中甚至连一篇参考文献都没有列出。尽管在作者介绍中，说此书作者是专栏作家和记者，并非专业的科学史研究者，但按照惯例，像这样的书通常也会有一定数量的参考文献，不知是不是在中译本中被删去了。或许可以这样推想，温伯格虽然早于普赖斯提出了"大科学"概念，但普赖斯是在其长期对科学的计量学研究基础上，系统讨论小科学和大科学问题，其贡献还是有差别的，而且在学术界的影响也不一样。

如果不过于纠结"大科学"概念的优先权问题，那么自普赖斯之后，与传统小科学相对的"大科学"概念，在学界，以及在社会上，已经是非常流行和通用的概念了。毕竟，这个概念勾画出了20世纪以来科学发展的某种非常重要的典型特征。

同样，还是来自作者的转述，说温伯格提出了"大科学"的三个基本问题：它会不会破坏科学、它是否会在经济上毁了国家、是否应把投入在"大科学"上的资金用于其他直接针对"人类福祉"的努力。这些问题显然也是很重要的，到现在仍然值得继续讨论，但涉及"大科学"的问题又显然不只有这些。

这里先想到一个问题：本书副标题重点揭示劳伦斯开创的"军工产业"，比如书中大篇幅谈及的"曼哈顿计划"，显然是"大科学"的一部分，但书中也不断提到的大型粒子加速器之类，也明显属于"大科学"，这又如何与"军工产业"的性质相协调呢？

□　确实，至少从表面上看，大型对撞机和军工产业没有直接联系，但是我们也可以从另一个角度来理解这件事情。

作者在本书引言中说过这样一段话："使大科学作为科学探索的典范而得到最终验证的是第二次世界大战的两大技术成就：雷达和原子弹。如果没有跨学科的合作和几乎无限的资源支撑（这已成为新范式的标志），要开发出这两样东西几乎是不可能的。"这段话的重要性在于，指出了"大科学"最初的典范就是军工产业。

当然，后来大科学的标志还可以找到两项：登月工程、超级超导对撞机。但是，正如我们共同的学生石海明上校在他的著作《科学、冷战与国家安全:美国外空政策变革背后的政治》中所揭示的背景，登月工程其实就是冷战中的政治工程，它不是军工胜似军工，起的就是军工的作用(况且外太空探索技术本身就具有明显的军事用途或军用潜力)。而超级超导对撞机呢？它确实还未曾和军工发生直接联系，但是，它不是黯然下马了吗？

所以你看，"大科学"曾经的四大标志，SSC黯然下马，其余三大标志，雷达、原子弹、登月工程，不是热战就是冷战。所以说来说去，还是会归结到"军工产业"上去啊。

而且，我们基于上述认识，能不能再有所引申呢？比如说，SSC最终的下马，肯定不是偶然的。希尔奇克说"它的致命伤是公众已经怀疑其目的性"，美国公众在怀疑什么呢？其实就是前面说到的阿尔文·温伯格提出的三个基本问题，得到了较多的共鸣或支持吧？这三个问题归根到底其实就是一句话:SSC这玩意有用吗？科学家没能让议员们——姑且假定他们是代表公众的——相信它有用，它就不得不下马了。

■　从这个角度来说，逻辑上也是可以成立的。你说的这几个"大科学"项目，确实反映出了某种典型特征，也即与其实用性，特别是对于国家层面在战争需要上的实用性密切相关。正是因为战争的需要在某种意义上成为国家的"刚需"，所以对于要用"几乎无限的资源支撑"也在所不惜，也就是我们经常听到的那种所谓"不计成本"，这种巨额投入也成为大科学最突出的特点之一。而SSC的最终下马，也可以用其投入之巨大与国家对如此投入所预期的实用性回报不相称有关来解释。

不过，就后者来说，除了公众对其目的性的怀疑之外，其实在科学界本身,不同学科的科学家们对之也有不同看法。因为可用于科学的资源毕竟还是有限的,SSC用的多了,用在别的学科(例如像凝聚态物理之类)的资源就必然会减少。前些年,我指导的研究生董丽丽的学位论文,就是研究美国国会在一些与SSC下马相关的听证会上,不同学科的科学家在做证时表达的不同看法。前几年国内就大型对撞机是否应立项的争论中,类似的情形差不多又重演了一遍。在STS的领域中,如果再加一个限定条件,关于在发展中国家是否应该以及如何发展这样的"大科学"项目,也一直是一个被突出关注的话题。这个议题的重要性,又在于它与国家的科学发展规划决策密切相关。

不过我们也可以注意到,除了你提到的那四个标志性的"大科学"代表项目之外,人们也还是在用"大科学"这个概念来指其他一些科学研究。也就是说,与近现代科学发展初期像以伽里略、牛顿为代表的那些"小科学"相比,今天在众多的科学研究领域中,都出现了不同程度的需要大量来自不同学科的研究者们合作,并且所需的研究投入也相当可观的普遍情形。那么,直接的问题就是:究竟应该如何看待大科学和小科学的关系,应如何看待它们的价值,以及对它们怎样的资源投入分配才是合理的? 无论对于更直接负责的科学发展规划决策者,还是像今天比较普遍倡导的应"参与"科学决策的公众来说,这些显然都是需要认真考虑的重要问题。

□ 恰恰是在你说的这个问题上,本书居然也能够提供某些启发(所以我忍不住要说这真是一本好书)。

首先,以伽利略、牛顿为代表的"小科学"当然是好东西,这在今天几乎没有人会再持异议(那些给伽利略定罪的人都死了几百年了）。那时科学刚刚从"魔法"脱胎出来，正处在"她"的纯真年代，既没有被每个毛孔都滴着脓血和肮脏东西的资本拥抱，也不知道群体诈骗如何进行。

但是到了"大科学"，事情就变得非常复杂了。"大科学"诞生于第二次世界大战时的美国，那时要和法西斯阵营斗争，搞雷达、原子弹这样的"大科学"，哪怕以"几乎无限的资源支撑"，也有其正当性和正义性。但是，后来法西斯阵营被打败了，那么和军工产业有着与生俱来无法分割的血缘关系的"大科学"，还有没有正当性和正义性呢？我们前面谈到的两位温伯格所代表的意见分歧，其实也与此有关。

本书作者在"尾声"中，讲了劳伦斯去世之后，他的遗孀莫莉·劳伦斯对"大科学"的态度。1982年，莫莉对媒体表示：当年曼哈顿工程的努力"已经变成一场不断升级的无限制地制造破坏性力量的竞赛"，欧内斯特如果看到这样的局面，一定会和她一样震惊，他会被这些"中产阶级的白痴"激怒……这年春天她致信加州大学，表达"羞愧和自责"，她要求将"劳伦斯"的名字从实验室的名称中去掉。当然，"她从未如愿"。不过她的上述言行显然早已不是孤立的，例如，当年是爱因斯坦两次致信罗斯福才催生了曼哈顿工程和原子弹的诞生，但爱因斯坦晚年却公开反对发展核武器。

需要指出的是，爱因斯坦和劳伦斯遗孀所反对的，是在美国形成的、被称为"大科学"的军工产业。至于别的国家，按照他们自己的理解，发展他们自己另有内涵的"大科学"，那另当别论，不在我们这次讨论的范畴。

■ 在你的限定条件下，你讲的这点，实质上是科学与军事的关系。其实，在"小科学"时代这个问题就已经存在——毕竟战争的历史要比科学的历史更长久。只不过随着"大科学"的出现,这个问题变得更加突出了而已。

历史上的"小科学"当然会被认为是好东西,但现在的问题是,面对已经出现的不同意义上的"大科学",至少有些人会认为"大科学"更代表的科学发展的趋势,是更要鼓励的。在这样的立场下,"小科学"会受到相当的忽视。哪怕在已向科学模式学习的人文社会科学领域,现在在申请课题时也要组建研究团队,这不正是"大科学"的特征之一吗?

不过,本书把话题限定于"大科学"与军工产业,从而可以合理地回避当下与"大科学"相关的许多重要话题,这也可以说是本书作者的聪明之处吧。

《大科学——欧内斯特·劳伦斯和他开创的军工产业》,(美)迈克尔·希尔奇克著,王文浩译,湖南科学技术出版社,2022年5月第1版,定价:89元。

原载 2023 年 10 月 18 日《中华读书报》
南腔北调（200）

从"哲人石丛书"看科学文化与科普之关系

□　江晓原　　■　刘　兵

　　□　这么多年来,我们确实一直在用实际行动支持"哲人石丛书"。我在《中华读书报》上特约主持的科学文化版面,到这次已经是第 200 期了,这个版面每次都有我们的"南腔北调"对谈,已经持续 21 年了,所以在书业也算薄有浮名。因为我们每次都找一本书来谈,在对谈中对所选的书进行评论,并讨论与此书有关的其他问题。在我们的对谈里,"哲人石丛书"的品种,相比其他丛书来说,肯定是最多的,我印象里应该超过 10 次,因为我们觉得这套丛书非常好。

　　另一个问题就是我个人的看法了,我觉得叫它"科普丛书"是不妥的,这我很早就说过了,那会儿 10 周年、15 周年时我就说过,我觉得这样是把它矮化了,完全应该说得更大一些,因为它事实上不是简单的科普丛书。我的建议是叫"科学文化丛书"。刚才潘涛对"哲人石丛书"的介绍里,我注意到两种说法都采用,有时说科普丛书,有时说科学文化丛书,但是从PPT上的介绍文字来看,强调了它的科学文化性质,指出它有思想性、启发性,甚至有反思科学的色彩,这也是"哲人石丛书"和国内其他同类丛书明显的差别。

其他类似丛书,我觉得多数仍然保持了传统科普理念,它们被称为科普丛书当然没有问题。现在很多出版社开始介入这个领域,它们也想做自己的科普丛书。这一点上,《哲人石丛书》是非常领先的。

■　　类似的丛书还有很多,比较突出的像"第一推动丛书"等,其中个别的品种比如说霍金的《时间简史》,和"哲人石丛书"中的品种比起来,知名度还更高。

但是"哲人石丛书"在同类或者类似的丛书里确实规模最大,而且覆盖面特别广。按照过去狭义的科普概念,大部分也可以分成不同的档次,有的关注少儿,有的关注成人,也有的是所谓高端科普。"哲人石丛书"的定位基本上是中高端,但是涵盖的学科领域包括其他的丛书通常不列入的科学哲学、科学史主题的书,但这些书我们恰恰又有迫切的需求。延伸一下来说,据我所知,"哲人石丛书"里有一些选题,有一些版本,涉及科学史,包括人物传记,其实对于国内相关的学术研究也是很有参考价值的。

"哲人石丛书"涉及的面非常之广,这样影响、口碑就非常好。而且它还有一个突出的特色,即关注科学和人文的交叉,我觉得这样一些选题在这套书里也有特别突出的表现。

刚才你提到,我们谈话里经常发生争论,我觉得今天我们这个对谈,其实也有一点像我们"南腔北调"的直播——不是从笔头上来谈,而是现场口头上来谈。我也借着你刚才的话说一点,你反对把这套丛书称为"科普",其实不只是这套书,在你的写作和言论里,对科普是充满了一种——怎么说呢——不能说是鄙视,至少是不屑或者评价很低?

我觉得这个事也可以争议。如果你把对象限定在传统科普,这个可以接受。传统科普确实有些缺点,比如只讲科学知识。但是今天科普的概念也在变化,也在强调知识、方法、思想的内容。在这里面就不可能不涉及相关的科学和人文。当然不把这些称为科普,叫科学文化也是可以的。但是拒绝了科普的说法,会丧失一些推广的机会。

说科普大家都知道这个概念,而且大家看到科普还可以这么来做。如果你上来就说是科学文化,可能有些人就感到陌生了,这也需要普及。读者碰巧看科普看到了"哲人石丛书",他知道这里面还有这些东西,我觉得也是很好的事。我们何必画地为牢,自绝于广大的科普群众呢。

□　这些年来,我对科普这个事,态度确实暧昧,刚才你说我鄙视科普,但是我科普大奖没少拿,我获得过三次吴大猷奖,那都不是我自己去报的,都是别人申报的。我一面老说自己不做科普,但一面也没拒绝领科普奖,人家给我了,我也很感谢地接受了。

我之所以对科普这个事情态度暧昧,原因是我以前在科学院工作过15年,在那个氛围里,通常认为是一个人科研正业搞不好了才去搞科普的。如果有一个人只做正业不做科普,另一个人做了同样的正业但还做科普,人们就会鄙视做科普的人。这也是为什么我老说自己不做科普的原因。

刘慈欣当年不敢让别人知道他在搞科幻,他曾对我说:如果被周围的人知道你跟科幻有关,你的领导和同事就会认为你是一个很幼稚的人，"一旦被大家认为幼稚，那不是很惨了吗？"在中国科学院的氛围也是类似的，你要是做科普，人家就会认为你正业搞不好。我的正业还不错，好歹两次破格晋升，在中国科学院40岁前就当上正教授和博导了，这和我经常躲着科普可能有一点关系，我如果老是公开拥抱科普，就不好了嘛。

我1999年调到上海交通大学后，对科普的态度就比较宽容了，我甚至参加了一个科技部组织的科普代表团出去访问，后来我还把那次访问的会议发言发表在《人民日报》上了，说科普需要新理念。

科普和科幻在这里是一个类似的事情。但咱还是说回"哲人石丛书"。刚才你说选题非常好，有特色，这里让我们看一个实际的例子。我们"南腔北调"对谈谈过一本《如果有外星人，他们在哪——费米悖论的75种解答》，书中对于我们为什么至今没有找到外星人给出了75种解答。这本书初版时是50种解答，过了一些年又修订再版，变成了75种解答。这本书是不是科普书呢？也可以说是科普书，但我仍然觉得把这样的书叫科普，就是矮化了。这本书有非常大的人文含量，我们也能够想象，我们找外星人这件事情本身就不是纯粹的科学技术活动。要解释为什么找不到，那肯定有强烈的人文色彩，这样的书我觉得很能说明"哲人石丛书"的选题广泛，内容有思想性。

■　我还是"中国科协·清华大学科学技术传播与普及研究中心主任"，在这样一种机构，做科普是可以得到学术承认的，本身就属于学术工作和学术研究，可见科普这个概念确实发生了一些变化。

当然，严格的界定只普及科学知识，这个确实是狭义的。如果说以传统的科普概念看待"哲人石丛书"是矮化了它，那我们也可以通过"哲人石丛书"来提升对科普的理解。今天科普也可以广义地用"科学传播"来表达,不只是在对社会的科普,在整个正规的中小学教育、基础教育、大学教育也在发生这样的变化。

□ 有一次在科幻界的一个年会上,我报告的题目是《远离科普,告别低端》,我认为如果将科幻自认为科普的一部分,那就矮化了。我这种观点科幻界也不是人人都赞成,有的人说如果我们把自己弄成科普了,我们能获得一些资源,你这么清高,这些资源不争取也不好吧?科普这一块,确实每个人都有自己的看法和想法。

总的来说,传统科普到今天已经过时了,我在《人民日报》上的那篇文章标题是《科学文化——一个富有生命力的新纲领》(2010.12.21),我陈述的新理念,是指科普要包括全面的内容,不是只讲科学中我们听起来是正面的内容。

比如说外星人,我们国内做科普的人就喜欢寻找外星人的那部分,人类怎么造大望远镜接收信息,看有没有外星人发信号等。但是他们不科普国际上的另一面。在国际上围绕要不要寻找外星人有两个阵营,两个阵营都有知名科学家。一个阵营认为不要主动寻找,主动寻找就是引鬼上门,是危险的;另一个阵营认为应该寻找,寻找会有好处。霍金晚年明确表态,主动寻找是危险的,但是我们的科普,对于反对寻找外星人的观点就不介绍,你们读到过这样的文章吗?我们更多读到的是主张、赞美寻找外星人的。这个例子就是说明传统科普的内容是被刻意过滤的,我们只讲正面的。

又比如说核电,我们的科普总是讲核电清洁、高效、安全,但是不讲核电厂的核废料处理难题怎么解决。全世界到现在都还没有解决,核废料还在积累。

我认为新理念就是两个方面都讲,一方面讲核电的必要性,但是一方面也要讲核废料没有找到解决的方法。在"哲人石丛书"里有好多品种符合我这个标准,它两面的东西都会有,而不是过滤型的,只知道歌颂科学,或者只是搞知识性的普及。对知识我们也选择,只有我们认为正面的知识才普及,这样的科普显然是不理想的。

■ 确实如此。我自己也参与基础教育的工作,比如说中小学课标的制定等。现在的理念是小学从一年级开始学科学,但又一个调查说,全国绝大部分小学的科学教师都不是理工科背景,这是历史造成的。而另一方面,我们现在的标准定得很高,我们又要求除了教好知识还要有素养,比如说理解科学的本质。科学的本质是什么呢?"哲人石丛书"恰恰如你说的,有助于全面理解科学和技术。比如说咱们讲科学,用"正确"这个词在哲学上来讲就是有问题的。

□ 我想到一个问题,最初策划"哲人石丛书"的时候,有没有把中小学教师列为目标读者群?潘涛曾表示:当时可能没有太明确地这么想。当时的传统科普概念划分里,流行一个说法叫"高级科普"。但确实想过,中小学老师里如果是有点追求的人,他应该读,而且应该会有一点心得,哪怕不一定全读懂。潘涛还发现,喜欢爱因斯坦的读者,初中、高中的读者比大学还要多。

■ 我讲另外一个故事,大概20年前我曾经主编过关于科学与艺术的丛书,这些书现在基本上买不到了,但是前些时候,清华大学校方给我转来一封邮件,有关搞基础教育的人给清华领导写信,他说现在小学和中学教育强调人文,那么过去有一套讲艺术与科学的书,这套书特别合适,建议再版。学校既然把邮件转给我,我也在努力处理,当然也有版权的相关困难。我们的图书产品,很多都没有机会推广到它应有的受众手里,但实际需要是存在的。我觉得有些书值得重版,重新包装,面向市场重新推广。

□　出版"哲人石丛书"的是"上海科技教育出版社",这样的社名在全国是很少见的,常见的是科学技术出版社,上海也有科学技术出版社。我们应该更好地利用这一点,把"哲人石丛书"推广到中小学教师那里去,可能对他们真的有帮助。

也许对于有些中小学教师来说,如果他没有理工科背景,"哲人石丛书"能不能选择一个系列,专门供中小学现在科学课程教师阅读? 选择那些不太需要理工科前置知识的品种,弄成一个专供中小学教师的子系列,那肯定挺有用。

■　不光是没有理工科背景知识,有理工科背景知识的也同样需要,因为这里面还有大量科学人文、科学本质等内容,他们恰恰是最需要理解的。但是总的来说,有一个这样特选的子系列,肯定是值得考虑的事情,因为现在这个需求特别迫切。

本文系 2023 年 8 月 13 日上海书展"哲人石——科学人文的点金石"活动对谈内容节选。

原载 2023 年 12 月 13 日《中华读书报》
南腔北调(201)

视觉理论与"看见"的真实性

□　　江晓原　　■　　刘　　兵

□　　按照我的思维习惯,要谈这本有着冗长书名的著作,恐怕先得搞清楚什么是"视觉理论"。但是作者显然是另一种思维习惯,他并没有在本书开头先向读者交代"视觉理论"的基本内容或概要,而只是在叙述中陆陆续续提到了一些与此有关的内容。因此我不得不在这里先冒险将我的理解用大白话尝试陈述一下。

首先,本书讨论的事情,和录像、摄影、绘画等有实物记录的视觉材料完全无关,而是仅限于用文字表达的关于"看见"某些事物(比如鬼魂)的陈述(虚构或非虚构的)。

自然,在上述研究范畴的约束下,所谓"看见"就会变成一个可以从多方面质疑的、非常复杂的概念了。例如:"看见"的陈述无论多么真诚,都可以是幻觉,而这又可以分成多种情况,比如因视觉器官(眼睛)的病变而导致的错觉、因某些病态的心理活动导致对视觉信号的误读、因正常或不正常的思维方式导致对视觉信号的重构……总之,任何"看见"的陈述,都已经很难承受得起"你真的看见了吗"这样诘问了。

一旦我们拥有了这样与科学紧密相关的"视觉理论",持此作为利器,来对维多利亚文学作品中的鬼魂(或吸血鬼等)叙述文本进行学术操作,则其别开生面、引人入胜的结果,必定是可想而知的了。

■　你的感觉确实很敏锐。因为我以前也曾和学生一起做过一些和"视觉理论",或者更确切地说,是和视觉文化相关的工作,比如对视觉科学史的研究进路的编史学研究,或对科学漫画的历史研究,或对与石印技术相关的视觉文化研究等。那些,确实是与从文字转向图像的传播有关。此书作者研究的对象并非实际的图像,而是在维多利亚文学中所表现的对鬼魂的"目击",但这种在文学中以文字呈现的"目击",显然也与"视觉"相关。

另外,在科学哲学的研究中,因为众多作为近现代科学之基础的"科学事实",即那些通过观察和实验获得的经验证据,也都来自实验者的"目击",而科学哲学中也有"观察的易谬性"或"观察参透理论"之类的学说,专门讨论在用眼睛观察中的各种问题,对于人们惯常所说的"眼见为实"等提出反证。这一类的"视觉"理论,应该是和本书中所用的概念比较相近。

但此书还是另有特色。其一,其研究对象,是维多利亚的文学,而关注的主题,又是"鬼魂",又涉及像"科学中的视角理论"这样一些传统的科学文化研究不太关注的东西。其二,研究者是文学研究背景。这两者结合起来,加上书名,足以引起像你我这样喜欢新视角、新观点的人的兴趣。

□　此书的总体倾向,我感觉还是唯物主义的,作者试图对各种"鬼魂"陈述给出尽可能科学的解释。

在阅读此书的过程中,我经常想起我父母旧宅中的一些故事。那个旧宅建成距今已逾百年,底层住着三户机关干部,都是数十年的老邻居,其中一户男主人去世后,家父就说他有时在公用厨房或走道上遇见此人。家父叙述此事时十分平静,就像在谈论一个还健在之人的家常琐事那样。之后家父去世,邻居也不止一次说在三家公用的小花园中遇见家父在散步。家父晚年确实喜欢在小花园中散步,还会打理一些他种植的花草。

这些陈述,与中国古代传统的鬼魂学说非常符合。如果想领略一下这种传统鬼魂叙事的风格,在《阅微草堂笔记》《子不语》之类的笔记中随处可见。鬼魂会回到生前习惯的生活场所,往往并不引起生者的惊恐,他们甚至会"恍惚中忘其已死"而与鬼魂交谈。

而根据本书所讨论的"视觉理论",上述旧宅中的鬼魂叙事,可以很容易地获得更为唯物主义、更具科学性的解释:那不过是旧宅中健在的人们对自己视觉器官获得的视觉信号的误读而已。至于这类视觉信号如何形成,本书作者比较注重从光学的路径来解释。

说起用光学来解释鬼魂的"视觉信号",中国也古已有之。例如《史记·孝武本纪》记载方士为了满足汉武帝对已故宠妃的思念,说等夜晚自己作法后,汉武帝就能够见到她,结果夜晚"天子自帷中望见焉"。看来这位方士(齐人少翁)对于利用光影操弄"视觉信号"是颇有心得的了。

■ 关于"科学与文学"的研究，在西方的STS领域中，已是一个传统比较悠久的大类别了，尽管这类著作翻译引进的并不多，因而本书还是很能引起人们的阅读兴趣。

你想到的"对标"到中国的情形，也确实是很有某种在类型和内容上的相似性。除了各种笔记中的记载之外，就在当下，人们也确实经常会谈起这样一些鬼故事。而当事人，或者转述者，也经常是信誓旦旦地说这真的，是亲眼所见或亲身经历。在一些地方的旅游解说中有时也会涉及这样的传说，甚至在目前流行的短视频中，还专门有人做这样的专题。只可惜，我们很少有人专门从科学理性的角度对之进行认真的研究。

以你所说的唯物主义的立场，以及科学的原理，当然可以对之做出"科学"的解释。不过从解释的传播效果来看，这样的解释是否足够令人信服，那就是另一回事了。否则人们为什么还会经常津津乐道于此类话题呢？

以唯物主义的立场，根据科学的原理给出解释，这是一种类型，前提是相信科学。但解释只是对这类说法的一种说明，与科学中以实验的方式来验证，还有着很大区别。这里不同的理论前提预设，以及不同的文化概念系统，是不是也有着另外一些重要的影响呢？

□ 我的感觉是，本书并没有、作者也未打算从根本上解决问题。你的"不同的理论前提预设"，直接导向了这样的基本问题——鬼魂到底存不存在？当我们让讨论进入"学术"层面之后，这个问题就不能以简单的信仰站队来解决了。迄今为止，虽然没有任何被科学共同体普遍认同的证据能够证明鬼魂存在，但是也没有任何关于鬼魂不可能存在的有效证明（例如像对"尺规作图不可能三等分任意角"的证明那样）。类似的状况同样存在于外星人、上帝等问题中。在这样的状况下，人们事实上只能各说各话。

本书作者将讨论的时间段限于"维多利亚"时代，从理论上说就是1837—1901年。在这个时代，科幻作品是法国人儒勒·凡尔纳当道，英国的 H. G. 威尔斯要到这个时代的尾声中才大举登上科幻舞台。本书所分析的维多利亚时代文学作品，主要集中在侦探小说类型中，这从书前的"缩略语"一览表中可以清楚看到。

侦探小说当然是讨论"视觉理论"的合适对象，因为里面不可避免地会充斥着真真假假的关于"看见"的陈述。然而奇怪的是，作者却对幻想作品进行了令人印象深刻的道德批判。作者认为："现实主义文学雄心勃勃，想要推动社会改良……而有关鬼魂、精灵或梦淫妖的叙事文学则违背良心、逃避现实，也就是不负责任地逃离真实的世界。"作者甚至援引了马克思主义来对幻想作品进行批判："用马克思主义的话来说，它是一种危险的镇静剂。"作者说幻想文学"本质上说一种任性的个人主义……实际上是一种道德上的误判"。

但是，同样的道德批判标尺，如果用到作者在本书中如数家珍般论述的柯南·道尔的作品，或是艾伦·坡的作品之上，又有什么不可以呢？作者对幻想作品的这种奇怪的义愤填膺，不知是不是和你上面所说的"不同的文化概念系统"有关？

■　　前面你讲的，是科学的信念问题。因为从唯物主义的立场出发，科学相信没有超自然的存在，虽然无法以科学验证的方式来"证明"鬼魂不存在，但对其不存在给出"科学的""解释"，也还是可以理解的。当然，科学也完全可以因为其信念而将鬼魂排除在研究对象之外。至于后面，你谈到的则是道德问题。这就更超出了科学的范围。由于不同的初始立场和预设,人们在对道德问题的讨论中,以及批判中,有着不同的判断也是很正常的,但这显然无法成为科学的判据,也不能成为鬼魂存在与否的最终"证明"。

按你所问,同样的道德批判标尺,用到作者在本书中如数家珍般论述的柯南·道尔的作品,或是艾伦·坡的作品之上,显然也是可以的。在这里我们看到,对于研究的不同类型的对象,当然不能采用双重标准。此书作者对幻想作品的这种义愤填膺,我觉得虽然也可以说是与"不同的文化概念系统"相关,但更重要的,还是与作者的哲学预设立场相关,并且因这样的预设(也是某种哲学信念吧),而潜在地先有了结论。而且,在这里,比如"真实世界"的概念,就并非人人都有同样的理解和认知。

我们可以发现作者的论证逻辑有着这样或那样的问题,也正因此在我阅读此书时,当涉及具体内容时,还是在相当程度上偏离了我最初的预期。

□ 不过阅读本书还是有启发的,它至少提醒我们注意"看见"陈述在科学和哲学意义上的复杂性。这让我想到了另一个问题:最初我就注意到作者的讨论完全不涉及录像、摄影、绘画等实物材料,而在本书所论述的那些侦探作品中,警探和作者为了各种"看见"陈述的真伪大费周章,初看起来,似乎只要有了尽可能多的摄像头,有了录像,许多"看见"陈述的真伪立刻就能真相大白了。但再往深处一想,事情还是没有那么简单。

事实上,这仍和"鬼魂到底存不存在"的基本问题直接有关。即使先搁置这个问题,但因为对鬼魂的物理性质完全缺乏了解,比如鬼魂有没有质量?占不占空间?行动受不受万有引力和光速极限的限制？在许多故事中上述问题的答案都是"否"，如果是这样，那它们无法被摄影设备所记录也就顺理成章了，于是"看见"陈述的真伪问题仍然无法解决。

■　你说的这两个问题确实有一定的联系。因为对鬼魂的物理性质"完全缺乏了解"，即使在录像上看不见，也还可以再附加上一些光学性质的解释，比如它是否可以不服从普通光线常规的反射折射等规律。当然这又违反了科学哲学中不允许"特设性假说"的要求。但也让我联想到了物理学中时髦的"暗物质"和"暗能量"。

那么，问题似乎就回到了更哲学的"存在"概念上。如果鬼魂就是这样一种无法被物理地"探测"（也即广义的"看到"）到的东西，以物理的方式自然就无法肯定地说明其存在或不存在，从而被排斥于科学研究的对象之外也就顺理成章了。问题于是又变成了，世界上是否可以有这样的"存在"？这似乎就成了一个哲学问题。

而人们（例如那些喜爱或害怕谈论鬼故事的人）对这样的"存在"的热衷，也许就只是因为其有别于科学所依赖的哲学的信念吧。信念，并不一定需要科学的证据。

《鬼魂目击者、侦探和唯灵论者——维多利亚文学和科学中的视觉理论》，（美）斯尔詹·斯马伊奇著，李菊译，译林出版社，2022年9月第1版，定价：69元。

原载 2024 年 4 月 17 日《中华读书报》
南腔北调(203)

无知是值得研究的

□　江晓原　　■　刘　兵

　　□　虽然这本书是讨论一个非常抽象的问题——无知(igno-rance),而且虽然作者努力采用通俗表达,但他似乎打算"将抽象进行到底",书中几乎没有任何实际案例,纯粹从概念到概念,当真是一本非常"哲学"的书。不过,由于"无知"这个概念通常不会被人们注意(我们一般只在修辞的意义上使用"无知"一词),更难想象有人竟会为此专门写一本书来进行分析和研究,所以此书还是有它的吸引人之处。

　　为了冲淡本书的抽象色彩,我决定不再循序渐进,而是尽可能选择从书中某些通俗易懂的内容出发,来进入讨论。在本书第三章第 4 节,作者居然引用了一段美国前国防部长拉姆斯菲尔德(D. Rums-feld)的话:

存在着已知的已知：有些事情我们知道我们知道。我们也知道存在着已知的未知；也就是说，我们知道有些事情我们不知道。但是，还存在着未知的未知——那些我们不知道我们不知道的事情。

虽然本书译者潘涛编审（哲学博士）一定在译文上已经绞尽脑汁精益求精，但上面这段话念起来仍然很像某种绕口令（这既不能怪译文也不能怪原文，要怪只能怪作者讨论的内容太抽象太冷僻）。当然，这段话的意思还是可以正确理解的。作者认为，拉姆斯菲尔德关于某些事情"我们不知道我们不知道"的断言是正确的，确实有这样的事情，"但不可实例化"，因为"根据定义，我们甚至都不能提供一个具体的例子"。但是，我们真的无法提供这样的例子吗？

■　我觉得，这确实是一本很有意思的书。说很有意思，倒不是说作为哲学讨论作者的论述是否特别出色，而是说在阅读它的时候，觉得会带给人们很多启发，让人们去思考以前很少甚至不会去深思的一些问题。

以往，在最常见的观念中，人们通常会认为无知是不好的，人要学习，就是为了要改变无知的状态。而一般的哲学的认识论研究，也主要是关注如何去知的问题。此书作者在书中应该是比较系统地介绍了有关无知的各种研究和各种观点，作为哲学讨论，我觉得作者还是尽量努力以通俗的方式来进行介绍的，但毕竟哲学总还是烧脑的思考，要完全彻底地讲通俗故事，那肯定难免庸俗或是戏说。在这本书中我们看到，当哲学家们把无知当作直接的对象来思考和研究时，这个对象的复杂性要远远超过对如何获知的讨论。你上面引用的那样看上去像绕口令般的说法，其实在书中可以说比比皆是，其中仅就对无知的分类而言,类似的讨论就极其复杂了。

对于你引用的"未知的未知",你提问说"我们真的无法提供这样的例子吗?"从逻辑上讲,似乎也还是成立的,否则,如果真能提供具体的例子,那就不是"未知的未知"了。

在阅读时,我倒是有一个想法,即此书出现在"哲人石丛书"中的原因。当然,对于认知的哲学研究的普及,也可以归入最广义的科学传播的范围。不过,像这样的哲学理论,作为一个视角,一种工具,也还真是与科学传播或普及有着很直接的关系呢。比如愚昧背后隐藏的不就是某种"无知"吗?而当我们像此书作者那样去思考无知问题时,自然会发现结论显然不是"是"或"非"那么简单。

□　不过,只要我们不局限于本书作者设置的"第一人称"思路,为未知的未知(无知)提供实例还是有可能的。出路即在于从"我不知道我不知道"这样的视角转换为"他不知道他不知道",这样的例子在学术翻译中就不难找到,下面是我十几年前就注意到的一个实例(那时我还没关注过对无知的分析):

史蒂芬·霍金在《大设计》一书的第三章中,讨论外部世界的真实性问题,他表示,他认同一种"model-dependent realism"。在最初发表的译文中,这句话被译成"依赖模型的现实主义",这就构成了一个"他不知道他不知道"的案例。

假如译者不认识"realism"这个词,他去查字典,在一些常见的小型字典中确实只有"现实主义"一个义项,但如果去查稍微大一点的字典,就会看到第二个义项:"(哲学上的)实在论"。然而因为"realism"是一个相当常见的词,译者早已熟知它的"现实主义"义项,他不认为自己还有必要去查字典,同时他不知道它的"实在论"义项——如果知道,那么此处霍金是在讨论外部世界的真实性问题,这是再明显不过的哲学问题,显而易见应该使用第二个义项"实在论"。

所以,我们有理由认为,这就是一个"他不知道他不知道"的实例。霍金这句话的正确译法应该是"依赖模型的实在论"。

不过,"我不知道我不知道"和"他不知道他不知道"毕竟不能完全等价,因为对于某人知不知道某事,最权威的依据通常被认为是他本人的陈述。当他本人说他知道或不知道某事时,通常总比旁人的判断更可信(审讯犯人的情形除外)。但是无论如何,我们总算提供了一个本书作者认为根据定义无法提供的可能的实例,这对于我们理解"未知的未知"好歹能够提供一点帮助。

■ 你举的这个例子确实是很有趣的。不过,在此书中,作者确实针对无知的各种分类组合进行了很详细的说明,并且都给出了有关各家不同观点的介绍和评论。在我们这里有限的篇幅中,实在是无法一一说明这些,而且那样做也未免有些过于烦琐,过于哲学化了。在这里,我还是更关心可以在哪些科学传播的问题上将这些对无知的研究诉诸应用,以及可以带来一些什么新的思考。比如,前面我提到的问题即是其中之一。

又比如,其实,人是不可能"全知"的——通常人们认为只有上帝才有这样的能力。而人既然不可能全知,就包括了必然存在无知的部分。我们的科学传播,过去强调知识,现在强调素质,但无论如何,就算是关注素质,也还是不可能完全摆脱知识这个脚手架。即使在知识之外,也还是存在着对更多的知的追求。

那么,在传播中,在教育中,是否知的越多就越理想呢? 如果人们一定会对许多东西无知,而且知识的部分总是有限的,那又应该如何确定知的理想限度？如何选择让受众知道哪些，以及对哪些无知？这里既涉及知的量的限定，又涉及对需要知的内容的选择。也许，对于后者，选择正是不同的科学观和传播观所决定的。对于前者，也即要知的东西的量，似乎在默认中，往往被想象为知的越多越好，但真的这样就合理吗？

从无知的视角来看，这种在教育和传播中对于要知的量，以及要知的内容的选择，就成为可以深入思考和讨论的问题了。这样，问题似乎就不仅仅涉及哲学意义上的认识论，而是延伸到价值观了。

□　你关心的问题虽然不是本书作者致力于讨论的问题，但确实也很有意义，这应该就是本书的启发功能的表现了。

毫无疑问，人们有权选择自己想要获知的知识，也有权让自己对另外一些事物保持无知状态。考虑到对每一个个人来说，他无知的事物永远大大多于他能够获知的事物，这种权利就几乎是天经地义的了。而事实上我们每个人都经常处在行使这项权利的状态中——比如选择不学什么专业（这在本书中被称为"理性无知"）、不从事什么职业、不阅读什么书籍、不接受什么信息等。

你一直对科学传播有着浓厚兴趣，本书又让你思考一些与科学传播有关的问题了。对于你上面提到的问题，我感觉首先要解决"科学传播的目的是什么"这个问题，对这个问题的不同答案，将直接导致对科学传播内容的选择。

让我们假定，科学传播的目的是"唤起受众对科学的热爱"（这肯定是许多传播者都乐意认同的目的），那么显然，传播的内容中，科学史和科学社会学研究中所揭示出来的许多与科学有关的负面内容就不宜传播了，科学中那些过于抽象或非常复杂的内容也不宜传播了，传播者就会希望受众在这些方面保持无知,至少自己不去打破这些无知。传播者可以毫无道德负担地认为:让受众在这些方面保持无知是应该的,是有利于科学传播的。这就给出了你上面提到的问题的一种答案。

■ 　关于面向公众的传播回避涉及科学的负面内容,还有不同的情况。其一,是传播者本身就不关心这些,因而也不去知晓,这也就形成了一种无知,那么,在向公众传播时,当然就不会去传播这些对传播者来说是无知的东西,这样的传播结果,也就造成了公众在这方面的无知。其二,也许传播者是知道这些内容的,但因为怕影响公众"对科学的热爱"或其他一些理由,刻意地不向公众传播这些内容,颇有些"不可使知之"的刻意"愚民"的意味,当然,最终的结果也还是使得公众在这方面保持无知。在这样两种不同的情况下,传播者自身的知或无知的背景,以及其立场和选择,都带来公众的某种无知。

于是,这里就带来了价值选择。在前一种情况下,传播者是否可以被原谅呢? 难道我们在确认传播者的资格时,不应该要求他必须对此有知吗? 在后一种情况下,传播者刻意不传播某些他知晓的内容从而导致公众的无知,这在伦理上合理吗? 由此可知,讨论无知的问题及相关理论,就不仅是认识论的纯哲学问题,而是肯定会牵扯进来更多比如价值判断、伦理道德、意识形态、目的、手段等一系列的复杂因素。

□ 　确实如此。例如本书第七章"无知的伦理",在第3节中讨论了"不知情权",就是一个高度涉及伦理和心理的问题。

我以前在文章中就谈过,世界上有一些隐私,严重到自己也不敢窥看的程度——自己的健康状况及其前景,有时候就是这样的隐私。我本来只是从科幻作品中演绎出这一结论的,但事实上这样的故事在西方现实生活中已经出现,如本书所说,"不知情权如今很大程度上在生命伦理情境里被表达和维护"。

例如,联合国教科文组织的《世界人类基因组与人权宣言》(*Universal Declaration on the Human Genome and Human Rights*)中说:"每个人均有权决定是否知道一项遗传学检查的结果及其影响,这种权利应受到尊重。"在现代医学过度检测、过度治疗愈演愈烈的今天,"不知情权"这种在中国传统观念中被称为"讳疾忌医"的态度(不想知道自身医学检测的结果),居然已经到了需要保护的地步。我们身边有越来越多的人放弃了作为单位福利的年度体检,似乎也为这种情形提供了旁证。

总体而言,本书虽然比较抽象,但在我们习惯的"求知"叙事之外,从"无知"入手展示了一个新的思考维度,还是非常富有启发意义的。

《无知有解——未知事物的奇妙影响》,(美)丹尼尔·R.德尼科拉著,潘涛译,上海科技教育出版社,2023年12月第1版,定价:68元。

社会篇

原载 2014 年 12 月 5 日《文汇读书周报》
南腔北调(147)

回顾生平:霍金的第二部《简史》

□ 江晓原　■ 刘　兵

□ 《时间简史》的编辑建议霍金将书名中原先十分通用的 Short History 改成 Brief History,让霍金十分欣赏,称赞说"这真是神来之笔"。所以现在这部霍金的简短自传,自然就叫作 *My Brief History* 了,中文也自然就译成《我的简史》。这部自传实在是相当的 "简"了——中译本的版面字数才 6.7 万字,但正文中还有 30 多幅插图,估计实际字数也就 5 万多一点。

不过,篇幅虽然简短,书中有趣的内容倒也不少。首先引起我注意的,是霍金少年时英国学校之间的等级和学生之间的剧烈竞争。霍金的父亲是个没有权势的平民,但他想尽办法要让霍金进好学校,这些情形和今天中国的情况简直如出一辙。这也印证了我关于"发达国家都会变成学历社会"的猜想。如今中国正在向发达国家迈进,我们的教育现状也已经使我们进入了学历社会。

■ 正像人们经常说的,看一部书时,不同的人,由于不同的背景和兴趣,会优先注意到不同的内容。也许正是因为你的特殊关注,所以关于作为霍金少年学习时的英国教育状况便成了你认为"有趣"的内容。

但我在读此书时,所想的是,对于形形色色的一般读者,这部自传中什么内容会引起哪些人的兴趣。读者可能会更加关注其中以往不大为人所知的信息,就像对于明星,粉丝们可以对其生活琐事津津乐道八卦不休,而并不在意那些琐事的意义。我倒是比较注意到,霍金在就学期间并非总是学习成绩突出。这样的例子在另外一些科学名人身上也经常出现。如果按照现行的网上语言的方式,似乎可以这样说:这个事实告诉我们,学习成绩排名并是不是最重要的。那么,霍金那时可以算是"学霸"吗?

□ 肯定不能算。你看,霍金在念中学时,每年考试成绩低于第20名就要被降级,他头两个学期成绩是第24、23名,只是最后第三学期考到了第18名,这才"幸免于难"。据霍金说,这种降级对于学生的自信心"是毁灭性的打击,有些人永远不可能恢复"。而到了牛津大学,霍金也远远谈不到"学霸",当时那里的风气是以不用功学习为荣,"我们倾向于绝对厌倦和觉得没有任何东西值得努力追求",他说那时平均每天只用功一小时!当然,霍金并未在《我的简史》中着力营造自己的"天才"形象——他的成就和地位已经保证了这种形象的无可置疑,他本人当然就应该而且可以表现得谦逊了。

在霍金对他学生时代的回忆中,另有一些"快人快语"风格的评论,虽然难免"偏见"之讥,倒是相当显现出他的个性。例如他说他之所以不选择生物学,是因为"生物学似乎太描述性了,并且不够基本。它在学校中的地位相当低。最聪明的孩子学数学和物理,不太聪明的学生物学"。而对于医学,他更别有一番皮里阳秋:"物理学和医学有些不同。对于学物理的,你上哪个学校、结交了哪个人都不重要。只有你做了什么才重要。"这不是明显在暗示说,对于学医学来说,上哪个学校、结交了哪个人是重要的吗?

■ 是啊,这里明显存在着物理学至上的意识。不过,热爱自己的专业,也算是一种美德吧。

另一个有趣的现象是,在这本自传中,作者依然用较多的篇幅在谈很高深的物理专业话题。在传记作品中,生活和专业工作的关系及篇幅比例的处理,一直是个很微妙的问题。霍金敢于在这本其他部分都很通俗的自传中依然大谈物理学专业问题,也算是名人的胆大和不在乎吧。但我还是怀疑,是否会有许多读者跳过这些艰深的地方不读。

就生平部分,霍金也没有讳言自己的婚姻,虽然着墨不多。在这方面,你是专家,是否也可以就此做些评论呢?

□ 你说的"大谈物理学专业问题",我想你一定是指本书的最后三章:"时间旅行""虚时间"和"无边界"。事实上,这三章根本可以不算自传的内容,要是我来做编辑,我会建议霍金将这三章作为本书的附录。霍金要放入这三章是可以理解的,因为这些内容是他在物理学上最有心得的,但作为附录,这部自传就会在形式上更自然一些。

在一本自传里完全不涉及自己的婚姻,就显得太反常了,所以霍金还是不得不谈论了他的婚姻。在本书中,他对发妻还是表达了感激之情。霍金将他和发妻的离异,归咎于妻子担心他会死掉所以要事先另觅良人,而在霍金顽强地生存下来之后,发妻和她觅到的良人之间却发展到红杏出墙的地步——尽管霍金没有使用这个措词。而对于第二任妻子,霍金着墨非常之少。虽然对于这样一本简短的自传来说,他这样做还是过得去的,但总让我有某种"应付差事"之感。也许,他并不想对公众多谈论他自己的婚姻?所以,要充分了解和讨论霍金的婚姻,我们只能期待他身后的传记作者,或者是他两任妻子的回忆录了吧。

■ 这里,你已经谈到了这本自传的"应付差事"之缺陷,但无论如何,毕竟这是霍金自己写的,再考虑到他身体的情况,就更加不易,因而有着不可替代的史料价值。但对于此书译者序中所言,认为此自传之问世,"也使其他霍金传记顷刻黯然失色",甚至认为它可比肩圣·奥古斯丁的《忏悔录》等思想家的著名经典,这样的评价未免有些过分了。

过去有人曾说,吃了鸡蛋,并不一定需要认识生蛋的鸡。但就科学的历史来说,对于科学学说的更深入的理解,又经常是与对其提出者的了解不可分的。而传记就是这种了解的最有效的手段之一。

我想,当有恰当的专业研究者对霍金深入研究之后写出的传记,肯定会构造出与霍金本人自传有所不同的形象。但究竟哪一个是更真实的霍金,这还真不好一概而论。霍金的自传只是写出了他自己心目中的自己,或是他愿意呈现给公众的形象。

《我的简史》,(英)史蒂芬·霍金著,吴忠超译,湖南科学技术出版社,2014年7月第1版,定价:42元。

原载 2015 年 6 月 10 日《中华读书报》
南腔北调（150）

科学圣徒和他对于中国的学术意义

□　江晓原　　■　刘　兵

□　让我们先以一则科学八卦开头吧。安德鲁·布朗在《科学圣徒——J. D. 贝尔纳传》中文版序中说，1954 年贝尔纳访问中国时，曾被要求提供一个适合中国大学博士生（研究论文）选题的清单。布朗相信，贝尔纳"显然能够拿出数十个好主意来"，不过他不知道当时贝尔纳的这些主意有没有被中国采纳，也不知道这些主意是否对当时正在快速成长的中国科学界产生过什么影响。布朗认为，此事对于当今的中国科学史研究者来说是一个有趣的课题。这个看法我十分赞成——它本身就可以成为博士论文选题。

引起我对这一则八卦感兴趣的原因，至少有两个：

一是如今在中国，有价值的博士论文选题已成稀缺资源。不信你随便找一位博导，让他当场开列"数十个"博士论文选题试试？当然，在这则八卦的叙述中，布朗的措词可能会引起一点问题——在

1954年的情况下，"中国大学博士生选题"和今天同一措词的意义显然不可同日而语。如果一定要类比，我想这至少应该相当于今天的"国家自然科学基金重大项目"吧？

二是更为广阔的历史背景。J. D. 贝尔纳(Bernal)生于1901年，那个时代的英国知识青年中，有一个大大的时髦——正如布朗在中文版序中所说的，"就像许多一战后的学生一样，他的政治信仰被塑造成了反帝国主义、反资本主义，并且相信苏联布尔什维克革命的承诺"。当我们谈论贝尔纳时，这应该是一个十分重要的背景。

■ 我倒是真没想到，在我们商定谈贝尔纳的传记之后，你开篇先会提出这个有些"八卦"的话题。当然，这也还没能算是一个完全八卦的话题。因为我们商定要谈贝尔纳，其实也还有另一个背景，即我们这一代在国内学习科学史和科学哲学的人，从一开始，差不多没有没读过贝尔纳的书的人——毕竟，那时国内有关科学史、科学社会学等方面的资料奇缺，而贝尔纳的两本书《历史上的科学》和《科学的社会功能》是当时为数不多相对方便找到的读物。

不过，说到你说的这件轶事，还需要再讲一些你还没说清的背景。从你说的那篇序来看，当时贝尔纳来访时，还曾"大多数时间都在做报告，经常每天四五个小时，演讲的科学主题也非常广泛"。但作序者同样没有提及这些报告的题目是什么。把这两个背景再结合起来，也许我们还可以存有疑问的是，在当时那种特定的形势下（当时科学界的国际交流并不多），邀请贝尔纳来访、请他做报告，甚至要求他提供博士论文的选题时，究竟是主要把他当作一位著名的科学家呢？还是主要当作一位以科学作为对象进行历史和社会学研究的专家呢？抑或是两种身份兼具？相应地，我也可以据之猜想，当时想要请他提供博士论文的选题,是想要他提供具体的科学研究的选题呢? 还是科学史或科学社会学的选题?

这样的疑问显然是又有一些潜台词的,因为,毕竟我们这次会选择谈贝尔纳的传记,又正是因为他的科学史家、科学社会学家的身份及其在中国的影响。

□ 虽然我们是因为贝尔纳的科学史家和科学社会学家身份而选择他的,但我几乎可以肯定,当时中国方面主要——如果不是完全的话——是将贝尔纳视为一位科学家来接待的,对他的期望也主要是在科学方面。因为在那个时期,科学史、科学社会学之类的学科领域,几乎还没有进入党和国家领导人和科学技术领袖人物的视野。

这样的推断是合乎常理的,因为中国当时急于将非常有限因而显得极为珍贵的资源用到"一阶"的科学技术发展上去。这让我想起已故何丙郁教授在谈到李约瑟——注意布朗将李称为贝尔纳的"伟大朋友"——时曾说过的一段话:"可是引述一句一位皇家学会院士对我说的话:院士到处都有,我从来没有听说李约瑟搞中国科技史是英国科学界的损失;可是在50年代,要一位钱三强或曹天钦去搞中国科技史,恐怕是一件中国人绝对赔不起的买卖。"我前面将布朗所说的贝尔纳个选题类比为"国家自然科学基金重大项目",而不是"国家社会科学基金重大项目",正是出于对这种背景的认识。

现在我想我们可以回到贝尔纳本人身上来了。是不是可以这样说:由于特殊的历史背景,包括那个时代的意识形态背景,类似贝尔纳、李约瑟这样"左倾"的科学家,总是会在社会主义阵营国家受到特殊的欢迎? 如果这个判断可以成立,那么随之而来的,对于他们的学说或著作在中国一两代学人心目中获得的某种特殊地位(例如你上面所说几乎无人不读贝尔纳书的情形,本书中译者在"译后记"中也生动展示了这方面的例证),我们作分析和评价时,也就需要注意这个维度了。

■ 你看,这样说来,就可以将当时的某些背景显示出来了。你最后问的,关于像贝尔纳这样的"左倾"的科学家,会在社会主义阵营的国家受到特殊的欢迎的问题,对此,我似乎没有看到什么直接的证据,但从其他许多出版界的事例来看,这就是完全可能的。因为,那时我们这里对于图书的出版,还是控制颇严的,尤其是对于外国著作的翻译出版,那甚至会是学术界的"大事"了。因而,我们看到,在那个时期,我们这个领域仅有很少的国外著作被翻译出版,而在这"很少"之中,还有不少从一开始制订出版计划时,就是为了要对之进行批判的。

这样,由于当时我们这个领域的读物的匮乏,可以说我们这一代人从一开始就是在(精神、学术)食品的短缺中成长起来的,是先天的营养不良,当然这种营养不良甚至会有某种后遗症。我还清楚地记得,在20世纪80年代初我在准备考科学史专业的研究生时,要复习竟然几乎找不到什么正式出版的科学史著作。

有一个相关的例子,大约也是在那时吧,丹皮尔的《科学史》的出版,也对我们这个领域影响很大,甚至直到今日,许多论文和著作的参考文献,以及在一些研究生的考试中,都会经常见到这个一百多年前首版的"古老的"科学史作者的名字。为什么丹皮尔的书当时也能出版,具体背景我不知道,但发展到后来,似乎出现了另一种情况,即丹皮尔的《科学史》似乎比贝尔纳的《历史上的科学》在中国科学史界和其他相关领域里影响要更大一些。你觉得这又是为什么呢?

□　我猜想，一个重要原因，是丹皮尔著作中的意识形态色彩比较淡，而贝尔纳是"相信苏联布尔什维克革命的承诺"的人，在他的著作中，或多或少会有这方面的影响吧。当然，要对这样的猜想进行学术论证是非常困难的。

布朗在《科学圣徒》中，对于贝尔纳与社会主义国家之间的特殊关系有不少论述。他说贝尔纳认为自己"是一个世界公民，立志尽他所能，用纯粹的应用科学为发展中地区造福"。贝尔纳多次到"他喜欢的国家"去度长假，这些国家里当然包括苏联和中国，通常都是由这些国家的科学院出面邀请。布朗说，贝尔纳对于这些邀请"他不知疲倦并且容易请到"。在第19章中，布朗也顺便证实了我前面的一个猜想——中国是将贝尔纳作为一位科学家而不是科学史家或科学社会学家来接待的。布朗用稍带夸张的语气写道："对于资源有限的新兴国家，'圣徒'就是物理学、化学、晶体学、材料学和冶金学、建筑业以及农业专家。"他访问的国家当然还有东欧社会主义阵营各国，也包括印度等国。

想想看，如此"左倾"的西方学者——李约瑟在这一点上和贝尔纳堪称异曲同工，当然会在社会主义阵营国家享有其他西方同行难以望其项背的声誉。这显然可以在很大程度上解释你上面注意到的现象：在很长一个时期内，中国读者很少能够读到西方的科学史和科学社会学著作的中译本，但贝尔纳的著作却得以一枝独秀。

■　话题到了这里，我会联想到两个问题。其一，是关于贝尔纳的科学史和科学社会学著作对于中国学界的影响，我们应该如何评价。其二，在仔细阅读此书时，人们会发现，在这样一部关于贝尔纳的详尽的长篇传记中,除了科学工作、生平、社会政治活动之外,竟然没有专门的章节对在我们这里更熟悉的贝尔纳的科学史家和科学社会学家的身份和工作做专门的介绍,尽管在不同的地方,曾简要地提到了他的《科学的社会功能》一书中的一些观点。由此,我们是不是能够推论,实际的情形是不是就像我们开头所谈的,不仅20世纪50年代中国的领导人仅仅将贝尔纳作为一位科学家,而且就连在这本传记作者那里,也根本就没有重视贝尔纳在科学史和科学社会学中的贡献呢?

如果这种推论成立,那么,对于回答我刚提到的第一个联想,也许就提供了另外一种可以参考的评价背景。也即,贝尔纳本人在国际上的科学史和科学社会学领域中,地位和影响究竟是怎样的? 连带地,就是在当年中国学者很少能够读到西方的科学史和科学社会学著作的中译本,但因为种种原因贝尔纳的著作却得以一枝独秀的情况下,我们在这个领域中,早期被引进的到底是什么样水准的学说?

□ 你所想到的问题,很可能是一个令人难堪的问题,即使曾经隐约意识到这个问题的中国学者,多半也会下意识地回避这个话题。不过,当我们谈论贝尔纳时,我们就无意中为讨论这个问题提供了一个合适的语境。

首先,正如你已经注意到的,《科学圣徒》的作者布朗甚至没有为贝尔纳的科学史和科学社会学工作安排专章——需要注意,本书包括"尾声"在内共有23章之多。对于这一现象,一个最容易想到的合理解释,当然就是:布朗不认为贝尔纳的科学史和科学社会学工作具有任何重要意义,值得在一部有23章的传记著作中为它们安排专章。而且，布朗的这种判断，在西方学术界，好像还不是特立独行力排众议，而是至少还具有一定的普遍性。

如果上面的推断不太离谱的话，那么下一个问题就接踵而来了：既然中国和其他社会主义阵营国家都主要将贝尔纳视为一位"科学家"，那为何又对他的在西方学界看来仅属"玩票"性质的科学史和科学社会学工作给予很高地位呢？对这个问题，仍然只能回到当年世界两大阵营意识形态斗争的旧战场上，才可能求得合理的解答。

其实我们不难理解，在当时的思想习惯中，科学技术基本上没有"阶级性"，没有意识形态属性，但是"科学史"和"科学社会学"却被认为肯定具有意识形态属性，所以在20世纪50年代、60年代，我们不会翻译丹皮尔的《科学史》，但是肯定可以接受贝尔纳的《历史上的科学》和《科学的社会功能》，因为贝尔纳是一个"反帝国主义、反资本主义，并且相信苏联布尔什维克革命的承诺"的人啊！

■　对于贝尔纳的科学史著作很早就被引进，考虑到当年中国特殊的意识形态背景，这应该是完全可以成立的答案。但随之而来的问题，就是我们如何看待、评价贝尔纳的科学史和科学社会学著作的影响了。

在以科学为对象的人文研究，即像科学史这样的学科的发展初期，一些科学家而非科学史的专业人士的著作，曾在学科的发展中起了重要的作用。其实，当时职业的科学史家还为数甚少，而且与后来不同的是，即使当时的为数不多的职业科学史家也大多是科学家背景，而非受过具有人文倾向的专业科学史教育的科学史家。当然，科学家到科学史这类学科客串的传统，直到今天也还在继续着，也仍有少数做得非常出色甚至影响很大的，例如像齐曼的科学社会学著作

《真科学》,还有像原来的科学家后来成功转型成为科学史家(研究爱因斯坦和物理学史)的派斯(尽管对其科学史研究也仍有不同的评价),但这些突出成功的事例毕竟是极少数。

在这样的背景下,我们是不是可以这样认为,贝尔纳的科学史和科学社会学研究在这些学科中,就算还有些影响,也不能说是第一流的,以至于连其传记作者都未曾认真看待。但由于在特定的历史条件下,被较早地引进中国,对中国的这些学科的发展又是有一定积极意义的。不过,在这些学科发展到今天,我们在前沿学术的意义上,也不必过于高估其学术价值了,而更应关注那些更能反映当下学术发展水平的作者和著作。

我们还可以看到的一个现象是,在中国更新一代的科学史和科学社会学等领域的学生中,贝尔纳的影响已经远远不像在更老一些代际的学者中的影响了。在中国,随着学科的发展,科学史也在告别其青涩的少年时代吧。

《科学圣徒——J. D. 贝尔纳传》,(英)安德鲁·布朗著,潜伟等译,上海辞书出版社,2014年12月第1版,定价:118元(全两册)。

原载 2015 年 10 月 28 日《中华读书报》
南腔北调（152）

儿童人体医学实验：
美国社会的黑暗一页

□ 江晓原　■ 刘　兵

　　□ 许多天真的中国人——特别是那些从未出过国门的——喜欢将美国社会想象成一片人间乐土，相信那里公平公正，国家富强人民幸福，蓝天白云祥和安宁。其实美国的许多真相，并不是非要你亲自踏上那片国土才能接触到，你只需读读一些美国人的著作就能了解。说实在的，这本《违童之愿》所讲的事情，就让人相当震惊。

　　在我们以前习惯的认识中，第二次世界大战期间德、日法西斯利用战俘等所做的那些臭名昭著的"人体科学实验"，都是毫无疑问的战争罪行。纽伦堡审判谴责并惩处了德国法西斯医学专家的这些罪行。日本法西斯"731 部队"所做的类似行为，也遭到世人普遍的厌恶和声讨。纽伦堡审判当然是美国主导的，即便是美国当局出于某种不可告人的目的而对日本"731 部队"的罪行网开一面，至少表面上也会有所谴责。总而言之,这种违背医学伦理的实验不可避免地和"罪行"联系在一起。

所以,当我们从《违童之愿》中看到,美国竟早就在它本土实施了类似的实验,而且实验对象竟是它的本国公民时,不能不感到非常意外。更为令人发指的是,美国的研究者们"纷纷扎到孤儿院、医院、收治'低能儿'的公立机构,去寻找实验对象"。而且这种行动事实上早在冷战之前的1940年代就已经开始了——在时间上倒是和德、日法西斯的"人体科学实验"正相伯仲。

■ 这本聚焦于美国医学史上一些惊人的负面内容,正如封底的提示中所说:"《违童之愿》记录了美国历史上黑暗的一面。"

医学,本来是为了救助人类,为了救死扶伤的人道主义目标而发展起来的。然而,近代以来,我们不止一次地看到的,恰恰是在医学领域中,或者说打着医学研究的旗号,所进行的那些从根本上违背人性的"罪恶研究"。

但这里还有一些问题值得我们思考,如果说,二战期间日本法西斯"731部队"所做的"人体科学实验",在被人们厌恶、声讨的同时,由于"研究者"的背景,人们似乎更会将之归于法西斯的作恶,那为什么美国竟也会以其本国公民,而且是以儿童为对象进行实质上很类似的反人性的"医学研究"呢?在这些本质上均是违背医学伦理的实验之间,又是否存在什么深层的相同之处呢?当我们看到这些历史记录而对那些罪恶行为恨之入骨之时,我们是否会联想到,即使在现实中,是否还有些表面上看似乎并不一样,但实质上却同样也有某些相似甚至相同之处的实例呢?例如,前不久媒体揭露的在中国利用小学生进行的"黄金大米"实验,是不是也可归为此类呢?

□ 你的猜测完全正确，它们确实可以归入同一类型。从德、日法西斯的"人体科学实验"罪行，到美国国内对儿童进行的明显违背伦理的类似实验，再到美国科学项目跑到中国来进行的"黄金大米"实验（也是利用儿童，真让人有异曲同工之感），确实有一条线隐隐串联在一起。而对于这背后的原因，本书作者是这样说的：这些研究者们"很多为至高无上的目标所驱动，也有人是为了追寻名利"。这个说法值得推敲。

在我看来，且不说"追寻名利"这样的措词实在过于轻描淡写，更大的问题是所谓"至高无上的目标"。首先，对一个医生来说，"拯救人类""创造历史"之类的目标算不算"至高无上"？也许很多人会说，这当然可以算。如果我们同意这一点，那么当年实施德、日法西斯的"人体科学实验"的医生中，如果有人也抱持着这样的目标，或者有人真的相信自己的所作所为是在向着这样的目标努力，他们就可以脱罪吗？如果他们不能因此而脱罪，那么美国医生们的行为就同样无法脱罪。

再更深一层来考虑，就会产生这样一个问题：如果这类侵犯人权的"人体科学实验"成果，真的可以帮助救治更多的病人，那这类实验有没有正当性？根据我目前所认同的伦理道德，我认为仍然没有正当性。无论目标何等崇高伟大，都不能提供不择手段实现该目标的正当理由。历史已经无数次证明，凡是主张为了实现伟大目标可以不择手段的人，结果都是先造成了罪恶，却从未实现那些目标。或者换句话说，如果有一种目标只能通过不正当的手段才能实现，这种目标还可能是正当的吗？

■　这里实际上涉及了一个非常严肃的科学研究的伦理学问题。类似的伦理学问题，虽然给人们带来的冲击程度可能有所不同，但在性质上却是一致的。

曾有人设想过这样一个"理想实验"：有若干身体的不同器官患有严重疾病的院士，和一个在生理的意义上身体完全健康的民工（再极端一些甚至可以设想为其精神上亦有严重缺陷），我们是否能认为将这个民工的不同器官摘取（也就意味着以这种方式杀死了这个民工），并将其移植到多个院士身上，从而挽救这多位院士的生命，以便让他们为人类社会做出更多、更大的贡献？据说在某些很高级别的科学会议上，有人提到这个"理想实验"时，居然有不少人表示是可以接受的。虽然这只是听到的传闻，但按照我们平时见闻所及的其他情形下一些科学家的态度，我觉得，有些科学家支持上述看法，也是可以想象的。

当然，另外更多具备基本伦理意识的人，肯定会认为这完全是不可接受的。我们在衡量伦理问题时，显然不能以考虑收入支出的经济方式，不能接受以牺牲弱小或对人类和社会"贡献小"的人的利益（更不用说生命）为代价，来换取那种所谓"贡献更大"或对更大群体"有益"的行为。因为这是在伦理意义上为人类所不能也不应接受的"恶"。

虽然《违童之愿》讲的是更极端的情形，但由于种种原因，当问题在表面上似乎有所变形而实质上却相同时，总会有些人不具有良好的伦理意识，当这些人是科学家并且诉诸实践时，就会成为科学伦理意义上的丑闻和罪恶。

□　这里我忍不住又要稍微扯远几句。其实这种认为目标伟大崇高就可以不择手段去实现的想法,和我们经常批判的科学主义之间,是有着内在联系的。具体到《违童之愿》中所揭露的罪恶行径,这种内在联系恰恰相当明显。

与此有密切联系的,还包括书中揭示的一系列西方医学界的学术不端行为——这些行为也或多或少或直接或间接地与违反医学伦理有关。例如十几年前英国的韦克菲尔德医生,宣称他的研究成果表明,儿童孤独症与MMR疫苗(麻疹、腮腺炎、风疹三联疫苗)有关,导致许多家长产生恐慌,停止给孩子接种该疫苗。但几年后韦克菲尔德医生被揭露是拿了某个集团的大量金钱,为的是用"医学成果"帮助该集团的诉讼,于是《柳叶刀》杂志宣布撤销韦克菲尔德医生的论文(反正这种"撤销"对那些所谓的"顶级科学杂志"早已司空见惯了)。但是这场闹剧已经造成严重后果,在英格兰和威尔士,麻疹成为地方流行病。

违背伦理的医学实验,比如本书所揭露的美国儿童人体实验,广义来说也可以视为学术不端行为的一部分,而学术造假则是比较容易被关注的另一部分。人们有充分的理由相信,那些被揭露出来的学术不端行为,很可能只是冰山的一角,更多的不端行为被行业的自我保护机制尽力掩盖起来了。在这样的事例中,无辜的公众一再被置于不知所措的窘境中,因为信息是不对称的。这种不对称,其实和那些儿童人体实验中儿童及其家长的处境,只是程度上的差别。

《违童之愿》中还谈到了一个我们以前讨论过的事例,即在饮用水中加氟的争议。这项争议已经持续了60年,在美国,很久以来已经是加氟的意见占了上风,但在欧洲和许多别的国家(包括中国),并未采取美国那样全面加氟的措施。本书作者的意见是:"氟中毒和越来越多的证据显示,我们的儿童接触到的氟化物已经太多了。"值得注意的是,本书作者将此事称为"氟化物实验",这是不是意味着,在这场争议中,几代美国人事实上已经沦为实验对象?这为什么不可以视为一项超大规模的人体医学实验呢?

■ 除了那些研究者之外,还有另外一些自己不做研究,但却以保卫科学的名义来努力为这些反人类行为辩护的人。仍以我们这里的"黄金大米"事件为例,不是也可以看到有那么多人在网上为其合理性找借口做辩护吗?

这些本来非常清楚明确地应为人们唾弃并坚决抵制的恶行,之所以仍不断出现,之所以仍然有人为之辩护,背后另一个重要的观念支撑,就是以功利的算计,加上为资本追求利润的目标,再加上科学研究的某种"超越性",让一些人或是内心中无意识地默认,或是公开明确地宣称,为了科学的发展,可以牺牲一部分人的利益、健康甚至生命。

但这恰恰与人们心目中发展科学的本意相违背。发展科学,本应是为了人类的利益,但当发展科学的过程反过来要危害人类时,那这样的发展本身就可以被质疑。正是在这样的情形下,伦理应该成为对科学最基本的约束,而不是像某些科学家们所主张的,顾及伦理会阻碍科学的发展,因而不应过多考虑伦理。如果说,确实因为坚持最重要最基本的伦理价值而阻碍了科学的发展,那种阻碍也是必须的!

因为我们可以这样设想,正是这种对伦理的关注,才有可能保证科学自身不会成为反人类的工具。

□ 你的设想无疑是正确的,不幸的是有些科学家并不这样认为。他们将伦理道德的戒律,以及伦理学家的忧虑和告诫,都视为"科学发展"的绊脚石。例如,在2015年9月27日《文汇报》报道的一次关于基因组编辑与生物技术伦理安全的讨论中,卢大儒教授激动地表示,"中国的伦理学界不应该也不会成为反对科学和阻碍科学发展的卫道士",那么他对伦理学界所抱的期望是什么呢?他要求伦理学界"为科学研究保驾护航""为科学的发展鸣锣开道"!想想看,科学到了今天,它还需要什么"鸣锣开道"和"保驾护航"吗?它正以雷霆万钧之势,像脱缰的野马一样狂奔!伦理学界在今天的天职,恰恰就是要帮助社会勒住这匹野马的缰绳——如果还有缰绳的话。在今天,伦理学界应该理直气壮地扮演"刹车装置"和"减速装置"的角色。

　　还有一些科学家,经常以某件事情(比如基因组编辑)"外国人已经做了"或"已经准备做了"作为理由,急着要求政府同意他们也跟着做。"外国人已经做了,我们为什么还不做"成为一种常见的质问。我国政府和有关管理部门在有些问题的监管方面所采取的慎重态度,被他们指责为"不作为"。其实,正如许智宏院士所指出的:"过去,我们一直信奉'科学无禁区',但事实上在每一个领域,科学家还是有不可跨越的红线。"那些跨越红线的事情,外国人做了难道就能成为我们也跟着做的理由吗?

　　■　实际上,我们还经常会听到另外的说法,即许多科学家之所以愿意在中国做研究,一个重要原因是,外国对于科学实验的各种限制要比中国严格得多,所以一些人更愿意在这种更加"宽松"的环境中进行研究。其实,这种"宽松",才是有关管理部门真正不负责任的"不作为"。

　　过去,环境问题也是类似的,后来更多民间的监督和干预参与进来,但就科学研究来说,由于其专业性,非专业的公众要进行有效的监督又有着相当的困难。因此,对于政府和相关管理部门的要求就更高,对于提高科学家们的伦理意识的教育就更加迫切。虽然近来国内在这些方面似乎已经开始有了一些好的改进,但离理想的状态仍有很大差距。

所以《违童之愿》这样的著作,至少在唤起公众的警觉,以及对那些还有良知并愿意关注此类问题的科学家们的警示和教育,显然都有重大意义。虽然我对于这些问题的改进并不乐观,尤其是我们仍处在科学主义如此严重的思想环境中。但《违童之愿》这类著作的出版,作为具有反科学主义倾向的科学文化传播的重要组成部分,努力将这种对科学伦理的关注纳入既面向公众也面向科学家的"科普"中去,其重要性也是不言而喻的。

《违童之愿——冷战时期美国儿童医学实验秘史》,(美)艾伦·M. 布鲁姆等著,丁立松译,生活·读书·新知三联书店,2015年1月第1版,定价:35元。

原载 2018 年 8 月 8 日《中华读书报》
南腔北调（169）

原子弹给予人类的祸福

□　　江晓原　　■　　刘兵

□　　原子弹可能是人类迄今为止发明的对历史进程影响最大、意义最丰富、效果最残酷的武器了。围绕着原子弹的问世，当然可以产生几乎是无穷无尽的秘史，这部《原子弹秘史》中译本厚达 700 多页，当然也就在情理之中了。

本书原文书名朴素得简直乏善可陈：*The Making of the Atomic Bomb*，直译的话就是《造原子弹》。然而书中讲述的故事却又是那么多姿多彩引人入胜，这个乏善可陈的原文书名实在与书中的故事难以相称，难怪德文译本要弄出《原子弹或创世第八日的故事》这样花里胡哨的书名。中译本取名《原子弹秘史》，算是有所折衷兼顾。

原子弹不是一般的武器，造原子弹也不是一般的武器研发，美国造原子弹的"曼哈顿工程"是重大政治决策的产物。从做出决策到将原子弹研制出来并且在日本投放，这个过程中不仅有科学理论、技术手段和工程协调等方面的问题,更多的是军备竞赛问题、伦理道德问题、对科学家的信任问题等。所有这些问题,都构成了这部"秘史"的不同维度。

本书实际上对这些维度都涉及了,只是——这也正是本书的白璧微瑕之处——本书的标题实在太过简单,全书只有章,没有节,在正文中就是如此。而且作者也许是为了追求某种"文采",总共19章,好些章的标题都是文学性的,看标题根本不知道作者在这一章里到底想说什么,比如"镜花水月""双重意识""长长的墓穴挖好了""新大陆""启示"等。而且这个聊胜于无的目录,还隐藏在翻开此书30页之后。对于一本700多页的大厚书来说,这样的章节、标题和目录,几乎排除了读者抽阅书中部分内容的路径:要么给我老老实实从头往下一页页认真读,要么合上这部大书,别假装"读书"了。

■　关于原子弹,确实有太多可说和该说的话题。不过,当我看到你为这次对谈拟的标题"原子弹给予人类的祸福",还有些不解,不知此处"福"当何解?也许你后面会说到而只是还未来得及?

原子弹的出现,对于人类社会历史的影响实在是太大太大了,而且,这种影响直到今日依然不减,近来某国不顾各方压力而研发核武器,进行核试验所引起的关注,应该算是这种影响最新的表现吧。实际上,只从人们认识科学技术与社会的关系这一角度来说,原子弹的制造和使用也是带来决定性影响的转折点。因此,从科学史的角度来详细地考察其历史,无疑是非常重要的工作。但也正因为其重要,人们写过的关于原子弹的书(更不用说文章),已经是太多太多了。那么,对我们要谈的这样一部书究竟应该如何定位,也许是在谈及其他问题之前首先应该做的事。

也正如你所说的,这本书因其巨大的篇幅(其实这样的篇幅应该是远远不够的),会给读者以相当的压力。没有足够的耐心,不花上充分的时间,肯定是无法一页页认真读完的。那么,你究竟认为此书是一部学术性的历史著作,还是更为面向普通读者而写的关于原子弹的"秘史"呢?

□ 你最后这个问题不是很容易回答。因为在一部学术著作出版时,出版商通常会要求作者将书尽可能写得通俗些,以便让更多读者可以有兴趣阅读。这种现象在西方很常见,国内不少出版社也会有类似要求。就这部《原子弹秘史》而言,如果将它视为纯粹的"学术著作",恐怕是不无疑问的;但作者搜集了那么多的史料,分析,剪裁,取舍,表述……每个环节都有"学术"要求,如果目为通俗读物,那是不公平的。所以如果一定要在你给的两个选项中选,那我还是同意"一部学术性的历史著作"这样的定性。

至于原子弹有没有给人带来"福",这个问题并没有简单的答案。古人云"祸福无门,唯人自召",强调的是"自召",即人的作为。要说原子弹带来的"福",至少可以从两个层面来理解。

第一个层面比较容易理解:如果纳粹德国先造出了原子弹,"自由世界"很可能就会万劫不复;结果"自由世界"即将上任的老大抢先造出了原子弹,而且向法西斯日本投放了两颗,加速了法西斯阵营的灭亡。对"自由世界"而言,这不就是原子弹带来的"福"吗?

第二个层面相对隐晦一些,但也不难理解:自从广岛、长崎的实战投放,加上稍后几年美国在比基尼环礁的实战测试(投放原子弹摧毁一些大型军舰),人类对原子弹的巨大杀伤力已经没有疑问。命运的巧合是,"自由世界"的冷战对手,社会主义阵营的老大苏联很快也造出了原子弹。从那以后,原子弹再也没有用于实战了,它变成了一种战略威慑武器。这种武器具有特殊的性质——它实际上不会真的被使用,因为任何一方使用都意味着双方同归于尽。恰恰是原子弹的这种特殊性质,使得它可以为某些相对弱小但又不愿意屈服的国家带来"福"——当年中国的"两弹一星"就是这样的榜样。今日环顾宇内,巴基斯坦、朝鲜、以色列、伊朗等国,不都是在利用或试图利用原子弹的这个特殊性质"自求多福"吗?

■ 你关于原子弹之"福"的第二个解释,在各界还是有一定的流行性的,也就是说,由于核武器的威慑力量,出于不愿同归于尽的恐惧,使得人们反而不敢轻易地使用它,从而带来了某种力量的"均衡"和彼此制约,在某种程度上保持了和平和稳定。

但这种解释也还是很难完全自圆其说。因为,其一,这种平衡,用物理学的概念来讲,是一种不稳定平衡,很有可能会因为某些偶然因素而被打破,以致带来对人类灭绝性的灾难。其二,也正因为如此,所以人们一直呼吁的是要推进核裁军,尽量减少上述灾难的风险,可惜这种努力的效果一直非常有限。其三,因为对核灾难的恐惧而不会轻易使用核武器,这只是一种比较"理性"的考虑,而理性却并非总是人类必然的选择。例如,人类也许是因为"理性"和伦理,也提出过限制使用生化武器之类的东西,但那种限制不是也经常无效吗?所以,在许多电影中,疯狂而非理性的人动辄便要使用核武器,难道这种可能性在现实中就不存在吗?其四,人们真的会满足于坐在随时可能因偶然因素而爆炸的核火药桶上的平衡与"和平"吗?因而,这种"福"的解释,我还是很难同意。

但是,在谈核武器的可怕危险时,人们以往谈论较多的是,如何制成了它,如何使用或不使用它,却对人们能够实现制造核武器的真正根源谈论不多。其实不难想清楚,正是因为19—20世纪之交的物理学革命,带来的对物质的微观认识,以及核能的发现,才是使得核武器成为可能的最原初的根源。

□　关于原子弹能不能给人类带来"福",虽然是见仁见智的事情,但"始作俑者,其无后乎"——如果当初效忠纳粹德国的物理学家不为希特勒造原子弹,那"自由世界"的物理学家们或许也不会去造,那当然更是人类之福。而你所言之祸,归根结底,就是那些效忠纳粹德国的物理学家惹出来的。

当我看到你开始谈论19—20世纪之交的物理学革命,指出核物理的发现才使得原子弹成为可能,我感觉,一段反科学主义的论证即将上演。

核能的发现,迄今主要就是两大应用:核武器(原子弹、氢弹)和核电。如果你不认为核武器带给人类任何"福",那么对于不赞成发展核电的人士来说,核电也不会给人类带来什么"福"。姑不论切尔诺贝利或福岛的核电灾难,考虑到正常运行的核电对地球环境的持续污染,核电总体来说也是得不偿失的。

沿着这样的思路,"始作俑者"的罪名,就将从效忠纳粹德国的物理学家延伸到19—20世纪之交在核物理方面做出贡献的所有物理学家身上了——不管他们后来效忠于纳粹德国还是效忠于"自由世界"。

但是这样往前追溯,到哪里是个头呢? 是不是一切科学知识和发现发明,都将成为"始作俑者"?

■　其实,我讲始作俑者,只是在陈述一个事实而已。这种陈述本可以是中性的,但在不同立场上,再往后的推论当然会有所不同,甚至于就像你说的"一段反科学主义的论证即将上演"。更何况,你还提到了关于核电价值的当下仍在继续之中的争论。

但就像科学史讲某一科学的发现,也会给出一个大致的起始点,而不是都要追溯到人类点起第一把火。就后续的无论是原子弹还是核能之争,把起始点定在19—20世纪之交的物理学革命,还是大致说得过去的,至少人们不会认为从牛顿的理论可以演绎出核能问题。至于效忠纳粹德国的物理学家研制原子弹,只不过是后续的加速动力之一而已。在德国纳粹失败之后,虽然还有其他的恶势力,但除了被使用过的原子弹,许多新式武器不也照样还是被不遗余力地开发着吗?

当然,一定要强词夺理地一味再向前追溯根源,逻辑上虽然不是不可能,但那就进入关于人类认识、知识及其正反面影响的另一层次的讨论了。而且,即使像在关于核能研究的这个有限层次上的讨论,不也正是众多反思科学技术的研究所关注的吗?

□　理论上比较务实的做法,我想还是将"始作俑者"定在那些效忠纳粹德国的物理学家身上,而不要继续往前追溯了。毕竟核能还可能有更多的应用前景,在那些前景中是福是祸尚未可知。利用一种知识,去研发大规模杀伤武器,或更高效的杀伤武器,前者如原子弹氢弹,后者如利用人工智能自行识别攻击目标并自行实施攻击行动的无人机之类,其实都是罪恶行为。如果因此引发了军备竞赛性质的技术进步,那就是"始作俑者"。

结合这本《原子弹秘史》中所叙述的种种故事,我们不难从各种角度领略到"始作俑者"对这个世界的祸害——当然需要透过大量娓娓道来的背景、轶事、档案和技术细节。需要指出的是,在这些娓娓道来的背景、轶事、档案和技术细节中,一个科学主义者会读出对科学的热爱,而一个反科学主义者将读出对"始作俑者"的道德审判。

■ 不管出于什么样的目的,站在什么样的立场,关于制造原子弹这一重大事件,对其历史的了解都是必不可少,也是引人入胜的。而这本《原子弹秘史》,我觉得其实可以面向众多不同领域、不同阅读层次的读者。书确实是厚了些,但厚有厚的好处和价值,否则它也不会成为这一领域中的经典之一。毕竟,只靠阅读微信推送的那些碎片化的信息,绝对无法全面、深刻地理解制造原子弹这样一个给世界带来了如此巨变的事件。

那就读吧!

《原子弹秘史》(图文版·25周年纪念版),(美)理查德·罗兹著,江向东等译,金城出版社,2018年1月第1版,定价:168元。

原载2018年10月17日《中华读书报》
南腔北调(170)

法律缺位状态下的人工智能狂飙突进

□　江晓原　　■　刘　兵

　　□　人工智能最近看起来好像有点狂飙突进的光景,至少从媒体上看起来是这样。与此同时,警告、担忧的声音不是没有,有些还是由霍金、盖茨、马斯克之类的人物发出的,但大部分公众受到科学主义盲目乐观的情绪影响,仍然在憧憬着人工智能快速发展将带给我们的"美好未来"。

　　面对这样极度危险的现实,仅仅发出警告当然是不够的,我们还需要冷静的、务实的、和现实生活能够直接衔接的思考。希望这样的思考,能够让狂热的盲目乐观情绪稍稍降一点温,让我们能够在人工智能带给我们的灾难不可收拾之前,尽可能多争取到一点的时间来做准备。

　　这一组"独角兽法学精品"丛书中的"人工智能"系列,已出三种,集中讨论和人工智能有关的法律问题,这非常有价值。因为面对人工智能的狂飙突进,目前人类社会现有的法律严重缺位,很多人工智能的应用,都是在法律没有任何准备的情况下,盲目地"先用起来再说"。

在许多人心目中,科学技术无限美好,人工智能是科学技术,所以人工智能当然也无限美好;无限美好的东西,当然是发展得越快越好,应用得越多越好。法律缺位,在某些人看来也许反而是好事——在这种情况下应用人工智能就可以肆无忌惮了。等到出了事情,发生了灾难性后果,人们再来亡羊补牢进行法律方面的补救,反正通常也无法溯及以往,在此之前不顾法律或伦理约束已经靠人工智能挣了钱的人,得以逍遥法外,估计是大概率事件。

■ 人工智能,确实现在成了一个科学技术的热点。无论是研究者、开发者、投资者、传播普及者,乃至于各级官员们,都极为热衷于谈论人工智能,大有不关心人工智能便意味着落伍的感觉。

另一方面,我也注意到,你近来对人工智能也颇为关注,当然,是持反对立场的关注。其实以往你在讨论各种科幻电影时,也常常会谈到人工智能,不知在这之间是否也有某种联系。其实人工智能只是众多引起争议的科学技术研究与开发应用中的一个话题,它与其他像核能、转基因等话题有着诸多相似之处,只不过是因为近来它变得更加热闹和为人关注而已。当然,这种热门化背后恐怕不仅仅是研究的发展与驱动,其中资本力量的驱动应该是更为主要的因素。

至于这套丛书,是以关注人工智能带来的相关法律问题作为切入点的。法律的问题固然重要,但也只是关于人工智能争议的一个子分支而已。我并不否认,在这套书中,作者们在从法律的角度讨论人工智能时提出了许许多多重要的以及一些平常在讨论人工智能时被关注不多的问题,而且也经常会超出法律的范围进入哲学的讨论,但在这些法律问题背后,我想,关于人工智能还是应该有一些作为法律问题根源的、更为根本性的哲学问题吧? 你是否这样认为呢?

□ 虽然就比较广泛的意义来说,人工智能和核电或转基因确有相同之处——比如都会引发社会争议等。但人工智能还是有特殊之处,比如,人们至少目前并不担心核电或转基因技术会引发大规模失业,也没有人担心核电或转基因技术会在常规的意义上征服人类,所以人工智能的风险在当下得到快速发展的技术中,确实有资格位居最危险的第一号。

我近年关注人工智能问题,确实与前些年对科幻作品的科学史研究有关。我一直认为,大量科幻作品中对于人工智能应用前景的种种思考和警示,理应成为当下思考人工智能问题时的重要思想资源,特别不应该仅仅因为它们是"科幻文学作品"而置之不理,却继续盲目推进和歌颂人工智能。

如你所说,资本的作用无疑是巨大的,更是可怕的。因为资本的增殖冲动是盲目而且无法抑制的。现在越来越多的技术研发都是资本推动的,这个现象的极度危险在于,在"科学的纯真年代"曾经存在过的那些推动科学技术发展的动因,比如造福人类的善良愿望、探索自然的好奇心等,如今都已经让位于资本增殖的原始冲动,或是沦为掩盖资本增殖原始冲动的虚饰之辞。

关于这套书在当下的价值,我提供一个比较特殊的看法。我感觉,当许多应该提出的警告都已经被提出,许多可能的危险都已经被分析之,而盖茨、霍金、马斯克这样的名人要求警惕人工智能的呼吁也已经问世之后,在近期要将关于人工智能的争议引向深入,似乎已经出现了困难。而不知死活的"业界"则继续在人工智能的研发方面狂飙突进,以实际行动展示着对哲学和伦理思考的极度蔑视。在这种情况下,从法律角度提出对人工智能的思考,无疑具有非常积极的意义。

　　■　你说的这些想法,原则上我也都是同意的。但我的确怀疑,在资本的可怕力量的驱动之下,这些法律是否真的能制定出来? 即使能制定出来,是否真的能理想地实施?

　　就前者来说,我们仍可以以转基因为例。虽然你说人工智能更加危险,美国是转基因生产的大国,但在法律制定方面,对这项技术和产业,又有多少应该制定而没有制定的法律? 而在中国,我不知道这方面是否甚至有人在思考和行动。关于后者,即使有了相关的法律,在转基因领域违法的现象不是依然大量存在吗?

　　我觉得,之所以有这样的局面,不是因为人们对于像人工智能这样的东西的风险的谈论不多,而是因为另一些更为根本性的对于"新科技"的发展的观念上的误区。不从根本上解决这些问题,对于避免风险,即使法律之类的东西也是无能为力的。

　　同时,我还是特别关注另外一些相关的概念问题。比如,人工智能中的"智能"是什么? 许多人经常在人类智能的意义上来理解它。其实,这种只是由科学家们以计算模仿的方式搞出来的并不真的等同于人类智能的"智能",仍然会有如此巨大的风险,正说明这类前沿"新科技"超越以往的力量与风险。

　　□　你的担心我完全同意。事实上,在跨国资本可怕力量的作用之下,制定与人工智能相关的法律就很不容易。例如《机器人是人吗?》的作者提出的关于联合国人工智能公约的框架建议,从内容上看是挺不错的,考虑了和人工智能相关的诸多方面,但是作者也清楚地知道:"如果像美国这样的国家决定不对其人工智能无人机的军事利用施加任何限制,那么以上任何条约都只是一个雄心勃勃却时运不济的具文。"控制美国政策的资本,当然不仅仅要满足增殖的需要,还要维护美国的世界霸权,在这样的"政治经济学"中,人工智能将被滥用,是毫无疑义的。那些人们呼唤中的法律,即使真的被制定了出来,并且在某种范围内被通过了,估计也无法得到真正的执行。就像研发军用人工智能的人从来不会把阿西莫夫的机器人三定律真正当回事一样——阿西莫夫三定律中的第一定律就从根本上排除了一切军用人工智能的合法性,但是在军用人工智能飞速发展的现实面前毫无作用。

至于你特别关注的"智能"问题,显然就进入你所喜欢的哲学讨论了。我的感觉,"智能"的定义问题是很难获得理想解决方案的,但在定义尚不清楚完善的情况下,并不妨碍人们先糊里糊涂地研究它、发展它。就像人类在"科学"尚未得到理想定义的情况下,早已毫无节制地发展了科学一样。

在一些人的善良愿望中,希望人工智能的算法、深度学习之类,还不能或不会等同于人类所拥有的"智能",因而人工智能最终将无法奴役或征服人类。这样的愿望当然善良,却只能是自我安慰而已。人工智能即使达不到人类的"智能",也仍然存在着祸害或征服人类文明的可能。当然,我也希望人工智能的"智能"晚一点到达人类的境界,最好是永远到达不了,这才是人类之福。

■ 这样一来,就像我们以前的某些对谈的结果一样,只是一个非常悲观的结论。在当下这种资本和政治指挥科技的局面下,人们根本无法阻止发展本来并非必要的人工智能(尽管有许多许多人在论证这样的必要性),而只有眼看着人工智能的加速发展,只能悲观地"等死"。而另一方面,同样是在这样的背景下,别人研究,你不研究,似乎也是一种"等死"的策略。于是,也只有一些有识之士(例如就像这套丛书中的一些作者)看破死局却无可奈何。

那接下来的问题依然是,对于人数更为众多既不能在经济上又不能在政治上受益于人工智能的人,该如何办呢?

一种可能的办法,也许是像你这样,极力鼓吹传播自己的反对观点,讲清道理,尽管在讲这些道理的时候也明白其实无济于事。

还有什么别的选择可能性吗?难道只能像你所说的用"希望"来寄托?"希望人工智能的'智能'晚一点到达人类的境界,最好是永远到达不了,这才是人类之福。"先不说这样的希望是否靠得住,在这样说的时候实际上你就已经隐含了极为悲观的预设。难道这样被动的"希望"就是我们唯一的希望?

□ 你的质问是悲愤而有力的。这让我想起你以前和我说过的某些环保人士的心态:他们对于地球生态的未来其实是完全悲观的,但他们仍然孜孜不倦地参加环保活动,是知其不可为而为之。你上面的质问,同样可以用于那种状况。但是在人工智能这个问题上,我只会比环保悲观十倍!我上面那种被动的"希望"就是我们唯一的希望。而我们——以及许多对人工智能持悲观看法的人——之所以要孜孜不倦喋喋不休地继续呼吁,而不是坐在家里等死,同样是知其不可为而为之啊!

当然,如果一定要弄乐观一点的说法,我们可以说"有百分之一的希望,就要尽百分之百的努力"等,这和知其不可为而为之也不矛盾。让我们尽人事以听天命吧,你说呢?

■ 你这种态度确实和我以前所说的那些环保人士的心态有一拼了。也许,这种可以让人"死得明白"的立场,也确实是当下能够做的事了。不过,我们也要清醒地认识到,现在能够持有这种立场,看清未来风险的人还不是很多。很多人还是会觉得那是杞人忧天。尽管我们现在经常能够听到"风险社会"这样的说法,但人们又经常会以为未来的风险是可以通过一些政策的调整、可以通过科学技术的进一步发展而避开的。人工智能的案例,就像你所说的那样,却是一个本身就是科学技术发展带来的风险的实例。如果人们不从根本立场上有所改变,恐怕就只有以身试险这一条死路了。

《人工智能与法律的对话》(美)瑞恩·卡洛等编,陈吉栋等译,上海人民出版社,2018年8月第1版,定价:88元。

《机器人是人吗?》(美)约翰·弗兰克·韦弗著,刘海安等译,上海人民出版社,2018年8月第1版,定价:68元。

《谁为机器人的行为负责?》(意)乌戈·帕加罗著,张卉林等译,上海人民出版社,2018年8月第1版,定价:58元。

原载2019年2月20日《中华读书报》
南腔北调（172）

看美国电影怎样为五角大楼服务

□　　江晓原　　　■　　刘　兵

□　　这次我们要谈一本内容非常出人意表的书，作者戴维·罗布（David L. Robb）是好莱坞资深记者。书中要讲什么事情，其实只要看看本书"前言"的第一个自然段就一目了然了，全文如下：

我们或许认为，美国电影的内容是远离政府干预的。其实，五角大楼数十年来一直都在告诉电影制作人，什么能说、什么不能说。这是好莱坞最肮脏的小秘密。

作者这里说的"我们"，当然是指美国人，但是，这也可以百分之百地移用到许许多多中国人身上。我们以前经常称赞美国电影，说它们谁都敢骂，谁都敢揭露，它们甚至敢让电影中的美国总统贩毒。但是现在看来，好莱坞即使敢编美国总统贩毒，也不敢反映（哪怕是如实反映）美国军队的黑暗面；即使敢不听白宫的招呼，却不敢不听五角大楼的招呼（至少在大多数情况下是如此）。

本书的结构相当简单：全书47章，总共讲到了近百部影片的审查实例。这些影片中有些是我们大家比较熟悉的，比如《珍珠港》《独立日》《巴顿将军》《壮志凌云》《黑鹰坠落》《猎杀红色十月》等，也包括了许多中国公众不太熟悉的影片，甚至包括了007系列中的影片。

总体是平铺直叙的，但是"料"很足。比如第一章就是"审查詹姆斯·邦德"，《黄金眼》（*Golden Eye*, 1995）中愚蠢的美国海军上将，在五角大楼的压力下，先是打算换成法国海军上将，法国人当然也不干，最后换成了加拿大海军上将。而《明日帝国》（*Tomorrow Never Dies*, 1997）中一句短短的台词——CIA特工对邦德说："那将是战争。或许这一次我们会取得胜利。"因有暗讽越战之嫌，就被要求"必须删除"。

■　当你提出要谈这本书时，我一点也不觉得有什么意外。因为，其一，你这些年来一直迷恋电影；其二，你对于科学的社会建构或科学与政治等话题的关注。当然，这次也许更多地是关于艺术与政治的问题。当刚拿到书时，确实觉得会很有期待，但在读了之后，却感觉所得比预期的略少了一点点。

之所以这样说，是因为就像你前面讲的，美国人拍电影可以骂政府，但不敢不听五角大楼的，不敢拍不利于美国军队形象的电影。实际上，这种说法是有一些限制的，即如果在拍电影时不需要得到军方的帮助、协助，甚至资助，那你还是可以拍军方所不喜欢的电影，但如果你要得到军方的帮助，那就要受到五角大楼的制约了。

这让我想起，大约40年前，当我还在北大读书时，曾听过一个当时很著名的电影导演的讲座,印象很深,现在还有片断记忆。这位导演讲到,国际著名导演弗朗西斯·福特·科波拉(Francis Ford Coppola)在拍那部获得无数大奖的越战片《现代启示录》(*Apocalypse Now*,1979)时,自己出巨资租用飞机、军舰来拍摄宏大的战争场面。现在这本书正好印证了那位导演的说法,科波拉正是因为这样才获得了不受美国军方干涉拍摄越战片的独立性,并且也真正拍出了一部兼具思想性和艺术性的经典之作。

□　华盛顿大学法学教授乔纳森·特利(Jonathan Turley)在为本书写的序言中,提到了这部影片:"《现代启示录》由于对越战中的负面刻画被认为是'不真实的'(片方没有获得军方支持)。"这正好印证了你多年前从讲座中听到的故事。回想起来,我15年前第一次观看这部影片时的情景,至今还历历在目,仿佛就是昨天的事情。

好莱坞的战争片之所以广受欢迎,一个重要原因,就是因为影片中会有大量真实的战争机器,大炮坦克就不在话下,航空母舰也经常可见。许多"军迷",哪怕在政治上早已坚定地认为"天下苦美久矣",仍对好莱坞战争片中这些现代兵器都情有独钟。这几乎已在电影观众中形成了一个思维定式,所以科波拉得不到军方的支持,就不得不自出巨资租用飞机军舰,否则《现代启示录》作为一部战争片就会上不了档次。

从本书中我们很容易知道,大部分导演不会像科波拉那样"有种",那样投入。想想军方的支持能让电影省去多少费用,不就几句台词吗? 不就一两个情节吗? 改一下也不会有多难吧? 再想想老前辈希区柯克的名言,"这只是一部电影",用得着那么认真吗? 在大多数情况下,妥协很快就会达成。正因为如此,在本书作者眼中,有些电影干脆就成了军方的征兵宣传片。

如果本书所说的那些故事都属实,那就会有这样一个问题:白宫对电影的干预意愿和干预力度,是不是都不如军方?

■ 来自军方的支持确实会极大地节省拍片的费用,而更多的人拍电影不过是为了赚钱赢利而已,即使对电影的质量有所影响,即使在某种程度上成为征兵宣传片,也不是什么大不了的事,所以,才有了此书中所讲的这么多实例。

关于白宫对电影的干预意愿,我想肯定会有,但白宫的干预力度,以及白宫究竟可以以什么样的方式来进行干预,这样的干预是否可行,我并没有看到像这本讲述军方干预电影拍摄那样的相关资料。但至少从这本书所讲的内容来类推,由于存在美国宪法第一修正案,白宫在电影领域至少公开地侵犯言论自由似乎是比较困难的。正像你一开始所说的,美国人可以在电影中骂总统,甚至编出总统贩毒的离奇情节,显然这不会是白宫所愿意看到的,但也无法干预。当然,政府肯定也不会出钱出力来帮助这样的电影拍摄吧。

□ 我想所谓"美国宪法第一修正案"中有关的条款,应该是指这个吧:"国会不得制定关于下列事项的法律……剥夺言论自由或出版自由。"但是军方对电影的干预,当然不是制定法律,而且军方还可以辩解说并未上升到"剥夺言论自由或出版自由"的高度。据本书所说的那些故事来看,主要是用"利诱"之法:你想让军方为你的电影出动军舰飞机坦克大炮,你就得听军方的招呼,将电影拍成军方能够认可的版本。

如果是这样,那么白宫的干预意愿即使也和军方同样强烈,估计干预能力也会明显弱于军方。毕竟拍一部政治电影可以不用军舰飞机坦克大炮,很多情况下在摄影棚里就能拍成,白宫"利诱"的手段和资源就会远远比不上军方。据此来推测,如果有记者想写一部《好莱坞专案——美国国会和白宫如何审查电影》,估计难度会比本书大得多,而且很可能"料"也不会这么丰富了。

据我看过的一些关于美国电影审查的书籍,最初美国各州,甚至各个城市的议会,都各自对电影立法,搞得常出现一部电影在这个州遭禁在那个州却不禁的"盛况"。到1930年出现"海斯法典",给我的感觉主要是集中于影片中的暴力和色情尺度。但那种情况基本上是威胁——"不许拍成这样",而不是美国军方对好莱坞的利诱——"要求拍成这样"。"海斯法典"在美国当然也遭到许多电影人的抗争,而且后来也放松了,现在基本上已经过去了。那些陈年旧事,有过不少论述,而且涉及的电影数量也远比战争影片多,所以比较广为人知,而美国军方对好莱坞影片的干预,知道的人就没那么多了。

■　确实,也正是由于这个特殊的角度以前为人们关注不多,所以此书是一个很有意义也很有信息量的好选题。

如果我们延伸一下讨论,就你刚才提到了电影审查问题,我们也许会发现,除了来自另外一些文化和伦理的而且也还一直是在争议和变化中的审查禁忌之外,恰恰是由于影响深远的宪法第一修正案,使得美国政府也不容易以违宪的方式来干预电影中出现的那些对政府不利和负面的情节,但在此限制之外,由权力机构利用自己的资源(如军方对军备设施的提供)来影响电影拍摄者,使之妥协并拍出有利于那些权力机构的影片,还是很有一些操作空间的。再加上电影制作方对赢利的需要,更使得拍摄者出于追求资本增值的优先动力而接受这种本来是不利于电影艺术的操纵。只有极少数有能力、有财力又把艺术作为首要追求目标的电影人,才能拒斥这些经济和权力的诱惑而拍出符合本心的经典之作。

同样的逻辑,其实也并不只限于美国军方对电影的影响和操控的例子。看看当下那么多的电影,来自各种同样背后遵循资本逻辑的商家的影响(包括出资、广告等),而在电影拍摄中做出妥协,甚至于赤裸裸地成为资本工具的例子,难道还少吗?不用说拍电影,就连放电影,在排片上的这种铜臭味,不也差不多成了司空见惯之事了吗?

□ 这事我倒觉得也不用太愤激。电影最初的"血统"就是娱乐,它是为了娱乐公众而被发明出来的一种技术。而给公众提供娱乐,这本身就难免市场化运作。或者换句话说,如果我们对教育市场化或是医疗市场化,都曾经提出过道德方面的质疑的话,那么恐怕还没见过对娱乐市场化的质疑吧?我的意思是说,如果和教育或医疗比起来,人们对娱乐的道德要求本来就相对低一些,那么对娱乐的市场化当然也更能够接受。回到你刚才的感慨,比如对于电影放映时排片上的"铜臭味",我想公众肯定比教育或医疗中的铜臭味更能够容忍,更能接受。

当然,如果上升到"艺术"这样的高度,想必和"铜臭味"又格格不入了。但是虽然娱乐难免借助于艺术,但娱乐毕竟不能等同于艺术。当我们谈论"电影艺术"时,也不能忘记电影最初的"血统"就是娱乐。

从这个角度来看,也许我们对于五角大楼干预好莱坞影片制作的效果,也不必估计过高。即使五角大楼让某些影片拍成了征兵宣传片,却也无法让这样的影片成为"电影艺术"中青史留名的佳作。以我观影的经历和对电影史的印象,那些拍成了征兵宣传片的美国电影,绝大部分都成了过眼云烟。本书中提到的近百部影片中,至少一半不是电影圈子里著名的影片,尽管我相信本书作者已经尽量将著名影片纳入他的叙述范围了。

■ 讲到电影的"娱乐"血统,倒是另一个有趣的话题,或者,当我们把以娱乐(以及连带地与资本和利润)为主要目标的电影,和那种更有艺术追求的电影相比较时,似乎可以说这是两个非常不同的族类。在"娱乐"这一限定下,我们当然也就不好多去评论其艺术、价值、伦理和意识形态的维度了。只是,我不知道你近些年来一直保持了对电影近乎狂热的爱好,自己存了那么多电影的拷贝,也写了那么影评类文字,到底是为了个人的娱乐,还是把电影作为一个重要的研究对象?

□ 当然是两者兼而有之的。电影给我带来娱乐,但同时电影又是当代社会一个重要的文化窗口,和政治、军事、艺术、意识形态、资本控制等方面都会发生联系。本书就是这些联系中一个比较特殊的例子。

《好莱坞行动——美国国防部如何审查电影》,(美)戴维·罗布著,林涵等译,金城出版社,2018年9月第1版,定价:59.80元。

原载 2021 年 4 月 14 日《中华读书报》
南腔北调(185)

作为社会活动家的爱因斯坦

□　　江晓原　　■　　刘　兵

　　□　　记得在我们"南腔北调"专栏 19 年的历史上,我们已经几次谈过爱因斯坦了。没办法,谁让关于爱因斯坦的书籍总是层出不穷呢? 湖南科学技术出版社出版《爱因斯坦全集》(以下称《全集》)前 5 卷时,我们就谈过一次。前 5 卷让读者的注意力集中在爱因斯坦的早期岁月,但这次的第 12、13 两卷,着重反映了爱因斯坦在 1921—1923 年间的大量社会活动,不同背景的读者只要肯耐心读一部分,就必会从中读到各自感兴趣的内容,当真是仁者见仁智者见智。

　　在编辑名人书信时,始终有一个非常麻烦的问题:按照什么顺序来编排。

　　首先能想到的是按照时间先后来编排,这最省事,也能言之成理。但缺点是,名人们通常要同时和很多人打交道,要同时处理很多件事情,而且那些事情往往还会持续相当长的时间,简单地按照时间先后编排,许多事情的过程就会显得支离破碎。

另一种办法是按照事件将往来书信分类,每个事件的相关书信则仍按时间先后编排,这样的好处是能对事件的来龙去脉有更好的把握和理解,有点类似中国古代史书编纂中的"纪事本末体"。但这对编辑者有着非常高的要求,而且如果有些信件涉及了不止一个事件,将信件归在哪个事件下,就会让编辑进退维谷。

从这第12、13两卷的编排来看,编辑者还是选择了按照时间先后来编排。但是为了弥补这种编排方案容易让事件显得支离破碎的弊端,编辑者做了一番相当为读者着想的工作:在每卷正文前面写了很长的序,序中将主人公参与的重要事情逐一梳理并简述。

例如,在反映1921年活动的第12卷,编辑者写了长达37页的序(指中译本,包括注释),序中将爱因斯坦本年中的往来书信归纳为六个大类:1. 爱因斯坦和犹太复国运动及希伯来大学计划;2. 关于相对论;3. 爱因斯坦与前妻及两子的关系;4. 爱因斯坦在德国国内的境遇;5. 爱因斯坦在科学方面的各种想法;6. 爱因斯坦与当时各国科学界的合作及交流。这个长序就为读者提供了很大的方便。

■ 确实,爱因斯坦一直是出版的热点,同时也是研究的热点。但除去汗牛充栋的一般性涉及爱因斯坦的出版物之外,真正有特色、有价值的关于爱因斯坦的图书其实并不是很多,不过这些书我们也还是谈不完的,所以会有你说的在我们的对谈栏目中,已经谈过好几次爱因斯坦的情况。

在那些真正有特色、有价值的关于爱因斯坦的书中,湖南科学技术出版社的这套《爱因斯坦全集》绝对又可以说是精品中的精品,尽管加上最近新翻译出版的第11、12、13卷(第11卷是前面10卷的总索引），距离预期将会超过25卷之多的整套书的出齐，应该还有很长的日子，毕竟国外原版书出齐之日，现在也还很难预期。不过，就我们在有限生涯中还有机会看到的这些卷，已经足够令人惊叹了。

刚才你提到的，在第12、13卷中采取的编排方式问题，我觉得倒也不是很大的事。让我最为感慨的，还是你提到的在书前的长序。其实这已经远远不能说是常见的一般性的序言了。首先，这已经是对于涉及书中在所包括的日期内相关材料的非常系统扎实的研究了！在这样的研究性序言的指导下，读者自然会比较方便地在书中找到自己感兴趣的内容。这不仅仅对于研究者，对于那些关注爱因斯坦的普通读者亦是如此。连带的感叹就是，至少在我受见识所限而接触的其他那些名人"全集"或"选集"中，几乎就没有看到过如此扎实的研究性序言。

□　这两卷的序确实很下功夫。第13卷所收书信的时间跨度是1922—1923年，涉及的事情更为复杂，所以序中归纳了九个大类：1. 关于光和量子的实验；2. 关于超导；3. 量子论；4. 相对论；5. 爱因斯坦1922年春的巴黎之行；6. 爱因斯坦在德国国内的险恶处境；7. 1922和1923年之交爱因斯坦在远东及巴勒斯坦和西班牙的旅行；8. 关于一些技术发明；9. 爱因斯坦在旅途中的思考和写作。

从第13卷起，编辑体例有所变更：编辑者将文章、日记和往来书信按照时间顺序混编在一起。这一卷的内容也更为丰富。首先，我解决了一个疑问：为何这一卷中也收入了1910—1921年间的若干书信和文章？编辑者在序中交代说，是因为"它们是在近几年才为编辑所知的"，这证实了我在第12卷中发现类似现象时的猜测，但是编辑者在第12卷中没有交代为何如此。

在第 13 卷所涉及的时间里,爱因斯坦 1922—1923 年之交在远东、巴勒斯坦、西班牙的长达五个月的旅行,无疑是一个重要事件。在这次旅行中,爱因斯坦到达了上海。他也是在这次旅途中得知自己获得了诺贝尔物理学奖的。爱因斯坦为这次旅行留下了一部日记,这部日记首次在本卷中全文发表:《在日本、巴勒斯坦和西班牙的旅行日记,1922 年 10 月 6 日至 1923 年 3 月 12 日》,占据了 57 页的篇幅。

爱因斯坦的这次旅行中,有一个细节吸引了我的注意力:当得知爱因斯坦会经过中国时,北京大学打算请他演讲,校长蔡元培给出的报酬,按照当时的汇率,合 540 美元,爱因斯坦感觉报酬太低无法接受。有趣的是,爱因斯坦这样为自己讲价:他致信中国驻德公使魏宸组,表示接受邀请,但他又表示"因为其他国家提出的,还有像美国的几所大学已经支付的酬金,都远在贵国之上,如果我接受贵方条件,对其他国家未免太不公平"。接着他开出了自己的要价:演讲酬金1000 美元;并为他和妻子支付从东京到北京、从北京到香港的旅费,以及在北京的宾馆费用。结果北京大学完全接受了爱因斯坦的条件,不过这次演讲最终并未实现。

■ 可以说,这两卷所收入的材料的内容真是异常丰富。在通常的爱因斯坦传记中,也部分地因为篇幅限制,是不可能将所有关于爱因斯坦的事情都包括在内,但对于研究者来说,甚至对于对爱因斯坦有特殊关注的普通读者来说,那些未在一般的爱因斯坦传记中得以讨论的内容,却可以在《全集》中发现,而且,更是由于有着充分研究的序言的引导,也更容易找到相关的内容。

以我为例,许多年前,我曾花费了不少的时间研究超导物理学史。当这样的研究深入到一定程度上时,自然也会转向关注一些更加细节和有趣的问题。我也曾写过像"玻尔与超导物理学""爱因斯坦与超导物理学"等论文。我还记得,在30多年前我写成并发表了"爱因斯坦与超导物理学"这篇论文时,找资料可是非常困难,花费了好大的力气,而在30年后的现在,若是要再写这样的论文,《全集》中所收录的材料,以及序言中对之的介绍和描述,真的就是很详细和充分了。

在你所列举的第13卷的序言中分类提及的不同主题中,除了科学性的,也还有大量社会与人文类的,关于爱因斯坦访问中国的许多细节内容当然也是其中一例。许多年前,也曾有人对之做过研究,而从现在所披露出来的材料来看,《全集》除了在材料的寻找和收集方面所提供的巨大便利之外,其中涉及的许多细节,更是令人兴趣盎然。

□　确实如此。比如,以前我们只知道以色列曾希望爱因斯坦去担任总统,但爱因斯坦婉拒了。现在从这两卷来看,原来爱因斯坦和犹太复国运动有着千丝万缕的关系。爱因斯坦最初对美国之行不感兴趣,1921年他拒绝了为他提供"丰厚报酬"的六所美国大学的邀请,但是后来犹太复国运动打动了他。在第12卷中有大量往来书信都涉及此事。诚如编辑者在序中所言:"尽管他(爱因斯坦)本人不是一个民族主义者,但他也希望犹太人能够在巴勒斯坦拥有一小块寄居地……爱因斯坦的这次旅行是为了犹太复国主义者的利益,而不是为了他个人的利益。"

又如,这两卷中当然都有关于相对论的书信。随着爱因斯坦的美国之行,他正在一天天变得名满天下,许多地方都急着邀请他去做关于相对论的演讲,这原是意料之中的。但是我们看看他写给时任太太埃尔莎(Elsa,一年多前结婚,原是他寡居的表姐)的撒娇信中是怎样谈论相对论的:"现在我特别讨厌谈相对论!甚至这样一件事都变得苍白,当一个人太专注于它的时候……"当时爱因斯坦正在布拉格旅行。

再如,虽然爱因斯坦在国外的旅行通常总是由演讲、采访、鲜花、派对、崇拜者……组成,基本上可以说是风光无限,但是据这两卷中的许多书信和文件反映,爱因斯坦在德国国内的处境却越来越不妙了。1921年出现了要求刺杀爱因斯坦的传单。爱因斯坦也对某些街头游行示威表示支持(太太埃尔莎还直接参加了某些示威)。对爱因斯坦的攻击和敌意甚至扩展到他已经离婚的第一任妻子米列娃(Mileva)的身上。而另一件事对爱因斯坦刺激更大:1922年6月24日,时任德国外交部长拉特瑙(W. Rathenau)被右翼分子刺杀,这让爱因斯坦感觉到,"作为一位德国公共生活中杰出的犹太左翼人士,他处于实实在在的人身危险之中"。

■ 是啊,正是这样许许多多的内容,而且是以严肃可靠的原始材料的方式,向专业研究者和对爱因斯坦有兴趣的各类读者展示了此《全集》的魅力之所在。应该说,现在我们也经常可以看到国内学者所编的一些名人全集之类图书的出版,但限于各种原因,总是觉得无论在材料收集的完整性、对材料的鉴别和对于材料及整体人物的研究方面,不像这部爱因斯坦的全集的编者所做的那么到位,那么精致。

对于研究者来说,爱因斯坦是一个无尽的宝藏,有许许多多的角度和话题值得研究,而这部《全集》则为研究者提供了如此理想的便利。或许许多研究者所担心的,只是由于原书的编辑和翻译,因其困难和认真,进展总是让人觉得太慢,从而影响到能接触到珍贵的材料的时间,但这似乎也是没有办法的事。

尤其可以再次强调的是,此《全集》绝非仅仅是适合研究者阅读参考的。从我们前面提到的有限例子(其实这两卷中像这样的例子实在是太多了)也可以体会到,对于有心的普通公众,如果能有机会接触,肯定也会被其所吸引。它所呈现的爱因斯坦的形象,也许比很多现成的爱因斯坦传记所转达的,要更生动,更鲜活,更原汁原味。

似乎可以说,作为历史研究史料基础建设的名人全集类图书的编辑出版,此《全集》应该是在其编者的精心程度、态度和研究性方面,为其他人物《全集》的编辑出版提供了一个高水准的标杆。

《爱因斯坦全集》(第12卷),(美)爱因斯坦著,莫光华主译,湖南科学技术出版社,2020年11月第1版,定价:298元。

《爱因斯坦全集》(第13卷),(美)爱因斯坦著,方在庆等主译,湖南科学技术出版社,2020年11月第1版,定价:398元。

原载 2021 年 6 月 23 日《中华读书报》
南腔北调(186)

哥白尼《天体运行论》和星占学有关吗？

□ 江晓原　■ 刘　兵

□　自从库恩(T. S. Kuhn)出版了《科学革命的结构》(*The Structure of Scientific Revolutions*, 1962)，尽管对"科学革命"的定义和论证都言人人殊，但在论述科学发展的历史时，"革命"成为时髦。不谈论"科学革命"好像就跟不上潮流了。

这次我们要谈的这本《哥白尼问题——占星预言、怀疑主义与天体秩序》(*The Copernican Question: Prognostication, Skepticism, and Celestial Order*)，初版于 2011 年，中译本分上下两卷，近 1300 页，极可能是 2020 年度国内书业最重磅的科学史出版物。作者韦斯特曼(R. S. Westman)自称穷二十三载之功，始得撰成此书。

和以往库恩《哥白尼革命》之类或多或少以科学哲学为着眼点的著作不同，本书有更为浓厚的史学风格，历史材料非常丰富，问题的讨论非常深入细致，甚至到了琐碎的地步。在这样不厌其烦的细致追问之下,许多先前人们没有注意到的细节被揭示出来了,许多先前人们没有想到的问题被提出来了。这使得全书展现出了与许多讨论这一时期"科学革命"的科学史著作非常不同的风格。

本书展现了广阔的历史和文化背景,写作风格可能会让许多人或望而生畏,或如堕五里雾中,很快放弃对它的阅读尝试;但也会让一些人很快沉溺于其中,甚至产生类似"无力自拔"的感觉——也许这正是作者希望的效果吧。

■ 看来,你对这本书还是很有感觉的。它显然不是一本面向普通读者的通俗读物,甚至对研究者也可以说是很有挑战性。当然,这种规模和深度的对哥白尼及其工作的研究,也不是急功近利就可以做出的,其学术价值应该是无可怀疑吧——希望你能对本书的学术水准和意义给出一些明确的说明。另外,对于这种极为细致地考据史料、追求细节的研究方式,你又会给出什么评论?

像"哥白尼革命"之类的说法,在科学史中是常用的概念。当然,也有人认为,作为第一次科学革命,哥白尼也只是开端,要一直到牛顿的工作才算结束。不过,这本书为什么不用"哥白尼革命"这个说法,而将标题定为"哥白尼问题"呢? 对此,我想你也应该有你的理解判断吧?

□ 从全书的结构看,作者对于"革命"是没有兴趣的。而且由于作者力求回到历史现场,在大量的史料和细节面前,一切都变得细致而连续,通常我们想象的那种"革命"也就很难呈现了。在我以往的阅读感觉中,似乎那种相当脱离历史现场和细节的"思想史"风格的作品,作者眼中才更容易看到"革命"。当然,一切历史都离不开某种程度的建构,到底是呈现连续的细节,还是呈现"革命"的高潮,基本上取决于作者的认识和选择。

本书正文第1—3章构成第一部分,一上来就和我们以往对哥白尼的认知大相径庭。我们知道,在哥白尼的《天体运行论》中,无一语及星占学。但是本书作者却详细描述了当时欧洲星占学极为流行的盛况,并且认为:"15世纪的最后25年,印刷术兴起之后,作为一种新现象而出现的学术性占星和民间流行预言……为后面详尽分析哥白尼思想的形成过程,做好了必要的铺垫。"

1496年哥白尼到达博洛尼亚时,米兰的皮科伯爵(Giovanni Pico,1463—1494)批判星占学的书刚刚出版。本书作者认为:"哥白尼自此以后考虑的一个主要问题,就是要回应皮科对行星秩序的质疑和否定,只不过这一点几乎不被人所觉察。"

这里可以补充一点历史背景:皮科对星占学的批判,可以说是当时欧洲重要的文化事件之一,引起了持久的反响。例如,将近80年后,当时欧洲的著名星占学/天文学家第谷(Tycho)还在一次著名演讲中回应皮科,说皮科虽是唯一有真才实学的星占学反对者,但皮科死于三个星占学家预言的他有生命危险的时刻,恰好证明了星占学的正确。所以哥白尼心心念念要回应皮科,在那个时代是非常有可能的,尽管这并不意味着《天体运行论》中必然出现关于星占学的论述。

■ 在史学理论研究中,尤其是在科学史理论的研究中,曾有过连续论和间断论的分歧,后者,更对应于"革命"的观念。虽然现在人们似乎已经很习惯于"革命"的说法,无意中将之当作历史中无可置疑的"事实",但在后来的研究中,也有人明确地指出,其实"革命"也只是史学家们建构出来便于他们选择和整理历史的一种"隐喻",而且在实际的历史中,也就是你所说的在"历史现场和史料细节"中,也并非所有的人都是"革命者"。不过,这种"细致而连续"的历史进程,究竟是在针对哥白尼本人相关的意义上来说的,还是在更大的众人范围内来说的呢?或者,更简单地问,哥白尼本人是否可以被看作一个"革命者"呢?

星占学也是一个有趣的问题。也许因为在《天体运行论》中没有出现关于星占学的论述,也许因为细节和篇幅的限制,在大多数科学史论述中,没有将哥白尼的理论与星占关联起来。以你阅读此书的理解,究竟哥白尼的理论与星占又是具有着什么样的关联呢?

□ 关于哥白尼是不是革命者,韦斯特曼赞成并引述了库恩在《哥白尼革命》(*The Copernican Revolution*,1985)一书中的意见。他认为哥白尼的学说是"制造革命的"(revolution-making),而不是"革命性的"(revolutionary)。关于这一点,本书作者是这样论述的:

> 哥白尼的成就并不是"现实性的"(realist),即新的理论并没有对应现实成果,它最有价值之处,不在于显示了"自然的真相",而在于它的启发性,在于随后带来了"丰富的成果"……正是从他这里开始,开普勒、伽利略、牛顿才能前赴后继,不断地想象他们的新世界。

这段论述的意见我是赞成的。

关于哥白尼及其学说和星占学的关系,首先,韦斯特曼也承认,哥白尼"没有绘制过一幅(算命)天宫图,没有发布过一部预言,甚至没有撰写过一篇占星学赞美诗",而这些行为"在当时是相当普遍的"。但他仍然主张,哥白尼写《天体运行论》的主要目的,是想为星占学提供更好的天文学工具。他这样主张的理由,归纳起来有如下几条:

一、从哥白尼生活的时代背景来看,星占学极为盛行,学习天文学的人,都是着眼于星占学的,哥白尼也没有理由例外。他将哥白尼视为一位"传统的天文-星占实践者"。

二、从学术渊源来看,哥白尼从诺瓦拉(D. M. Novara, 1454—1504)那里学习天文知识,接受了诺瓦拉对托勒密体系的批评,而诺瓦拉是一个新柏拉图主义者,这种哲学认为太阳至高无上,这显然对于日心学说是一种重要的思想资源。诺瓦拉又是活跃的星占学家,有着一堆博洛尼亚地区的星占学朋友,他肯定会在这方面对哥白尼产生某种程度的影响。

三、如果说上面两条理由无论如何仍然缺乏文献依据,那么这一条至少有一点历史依据:1496年哥白尼"来到博洛尼亚,并居住在当地一位占星大家(指诺瓦拉)的宅邸中"。

老实说,这三条理由都比较勉强,只能说是指出了存在这种可能性(哥白尼写《天体运行论》是想为星占学提供更好的天文学工具)。

■　看来,就历史学家在研究中最为看重的文献依据而言,哥白尼与星占的关系还只能是一种猜测,尽管这种大胆猜测具有相当的震撼力。

那么,在人们通过一般科学史著作所了解的哥白尼之外,这部著作究竟提出了哪些更具颠覆性,或者说改变了人们对哥白尼其人其事认识的观点呢? 如此鸿篇巨制,总应该有一些这样的收获吧? 我想,这也许是许多像我这样不够专业的人,或者干脆看不下去这样的巨著但仍然关心哥白尼的人所希望有所了解的。你能否开列一份哪怕比较粗略的清单？也许在这样的引导下，会有读者转而去阅读其中部分细节呢。

　　□　　你的想法非常务实。我们履行"替人读书"义务也应该提供这样的一个清单。下面是我认为以前学者们没有注意到或没有足够重视的几项：

　　第一项，当然就是提出了哥白尼学说与星占学之间可能的关系。这里我再说明一下：对于本书所涉及的15—17世纪的欧洲而言，天文学确实在很大程度上扮演着星占学的数理工具这样一种角色，所以本书作者关于哥白尼本人以及他的学说与星占学之间关系的猜测，至少是值得重视的。

　　第二项，作者详细梳理了这一时期教会人士对星占学的不同态度。这个话题已经有很多人谈过，但是本书作者讨论的更为深入和系统。

　　第三项，作者分析了《天体运行论》问世之后约半个世纪欧洲的天文学发展形势，特别是1572年的新星爆发和1577年的大彗星所产生的影响。这个话题当然也是前贤早就谈论过多次的，本书讨论的特色是与对星占学的考察密切结合在一起。

　　第四项，作者深入讨论了开普勒思想的形成。考虑到开普勒思想的复杂性和开放性，每一种这样深入讨论的尝试都是值得鼓励的。

　　第五项，作者详细讨论了开普勒和伽利略两人之间的关系，以及他们和哥白尼思想之间的关系。作者的结论是"这两位发展了哥白尼理论的现代思想巨人，最终没有走到一起"，其辞若有憾焉。

　　其实韦斯特曼这部著作，也可以看成一部15—17世纪的《天学外史》,哥白尼则是这部外史的中心人物。

■　从你的总结来看,此书在学术上很有价值。在你所开列的清单中可见,这些贡献基本上似乎并不属于那种能在大众中带来轰动的进展,但却仍是有学理意义的研究推进。在这些贡献中,我个人倒是对于你开列的第四、五两项更感兴趣一些。当然,作者对星占与天文学之间关系的关注,与传统的科学史相比,也反映了某种新的研究倾向。

也许,本书这样的研究更接近科学史研究的常态。并非所有学术性的科学史研究都一定会直接带来面向公众的热点话题,但这种基于深入细节和严密考证的研究,是科学史学科积累和发展的重要基础。而平常在普及传播中呈现的科学史的形象,经常会给这种科学史更常态的研究带来某种变形。

这也在提醒我们,理想的、真正有意义的科学史研究所必需的付出。连带地,我又难免感慨一番:国内在当下学术研究中某些急功近利的趋势之下,像此书这样需要长期的冷板凳方能"坐"出来的科学史学术研究成果,出现的可能性会有多大呢?

《哥白尼问题——占星预言、怀疑主义与天体秩序》,(美)罗伯特·S.韦斯特曼著,霍文利等译,广西师范大学出版社,2020年7月第1版,定价:298元。

原载 2022 年 8 月 10 日《中华读书报》
南腔北调(193)

百年社团：一部红色技术史

□　江晓原　　■　刘　兵

□　这是一本红色的书——我首先是说它的封面，用了大红底色，彰显了主旋律读物标准的颜色特征。令我稍感意外的是，我在卷首看到了你写的序。而在我的印象中，你以前的兴趣好像还未曾涉及这一领域。

你在序中主要谈到了两个问题。一个是科学史研究和主题出版的结合问题，一个是有别于"科学精神"的"科学家精神"。我感觉这两个问题都是和本书有关、同时又是很有"想头"的问题。这两个问题又恰好和我近来的一些新想法有着相当奇特的理论关系。因此我怀着浓厚的兴趣想和你讨论这本书。

不过我想先说说本书让我注意到的另一个问题。此前对于中国科技社团的研究，已经出现过不少，特别是对某些著名社团——比如中国科学社、中国天文学会等——更是已经有不止一种学术专著问世。在这些研究给人们的印象中,中国的科技社团,特别是早期的科技社团,似乎和中国共产党并无什么特殊关系。人们更多关注到的总是这些社团以及它们的创始人与西方发达国家之间的学术联系。但是本书的书名《中国共产党与科技社团的百年》就非常引人注目——至少对我而言是如此。这个书名毫无疑问强调了中国共产党和百年以来的中国科技社团之间的特殊关系。而且从正文第二章开始,作者真的展开了围绕本书书名所示主题的严肃叙事。

如果作者是认真的(对这一点我毫不怀疑),如果本书的论述能够成立,那本书就是一本主题极为新颖的书,可以说是一个创新。对这个问题你怎么看? 你在序中没有涉及这个问题,所以我们在这里展开谈谈应该是合适的。

■ 好吧,就先从这个问题说起。通常,讲甲与乙的关系,大致有两种,一种是比较直接的,就像你所说的,此书从第二章开始就开始强调了中国共产党和百年以来中国科技社团之间的特殊关系;而另一种关系,则是人们可以通过逻辑建构出来的,比如说,许多科学史著作都要从远古讲起,从两河流域、古埃及、古希腊讲起,如果以严格的科学概念(也即从16—17世纪诞生于欧洲的西方近代科学)为限制的话,那么,那些非常久远的发展的故事与后来意义上科学的关系,就是通过逻辑的建构而形成并具有了合法性。这样的说法不知是否可以回应你的问题?

当然,说创新与否倒不是最重要的,我一直不喜欢将创新这个词作为万灵药来用。这里建构的中国共产党和百年以来中国科技社团之间的关系,是一种讲背景和后来发展的关系,但作者也没有说只有这唯一的关系,与科技社团有关系的内容可以有其他很多的,这里只不过是表明作者在突出地以他自己所关心的问题和视角来看。当然，在书里讲到后面的部分，这个问题也就不再存在了。

至于你说到的关于科学史研究和主题出版的结合问题，以及有别于"科学精神"的"科学家精神"这两个有"想头"的问题，我倒真的挺有兴趣，想听听你有什么特别的想法。

□　你的问题让我想起了我们两人共同的老朋友韩建民，他近年成了主题出版的理论权威，到处应邀作报告，阐述主题出版的各种相关问题。我和建民有着长期的合作历史，据我的观察，他对主题出版的主要贡献之一，就是将许多以前不被认为是主题出版的出版物，纳入了主题出版范畴。事实上，他正是通过逻辑建构两者之间的关系，成功地拓展了主题出版的领域。

考虑到建民有非常"正统"的科学史学术背景——学物理出身，哲学硕士，又是我指导的科学技术史博士，所以建民本人和他多年来活跃的出版活动，就是科学技术史和主题出版之间关系的一个鲜活例证。

尽管本书的出版应该与韩建民没有直接关系，但我们又何尝不可以从韩建民的故事获得启发，来理解科学技术史与主题出版之间日益增长的关系呢？

至于你在序中谈到的"科学家精神"，确实引起了我的兴奋。你想必还记得我们谈论另一位老朋友"向理论深渊踊身一跃"的那次对谈吧？我一贯认为谈论"科学精神"是一种非常冒险的理论重负，所以总是绕道避之，敬而远之。事实上，我近年更感兴趣的是谈论"工匠精神"，我感觉这比谈论大而化之的科学精神更重要、更迫切，也更让人踏实。现在看到你呈现了另一个路径——谈论"科学家精神"，并且认为这和科学精神相比"是更为具体和明确的",这当然令人兴奋,我差点又想说是创新了。

稍微引申一下,"科学家精神"和"工匠精神",正好比翼双飞(出于美学上的对称考虑,可以置换为"工程师精神")。你在初步界定"科学家精神"时所说的"科学家们在从事科学研究时所体现出来的各种精神气质,以及相关的优良品质和追求",也完全可以移用来初步界定"工程师精神",比如"工程师们在从事工程技术时所体现出来的各种精神气质,以及相关的优良品质和追求",不是也挺合适吗?

■　　你谈到韩建民,他确实近年来在出版界大力弘扬和拓展了主题出版,并亲自出手策划了一些成功的出版物。主题出版现在很热,其内涵也一直在发展变化中。提起你指导韩建民读科学史博士,想来这段学习经历,的确对他的工作有着很深刻的影响。

至于"科学家精神",这可不是我的原创。实际上,科学家精神的提法,以及近来越来越被重视,这本是源于官方的标准说法。而且,对于科学家精神的内涵,也有着官方的标准界定,这就是:1. 胸怀祖国、服务人民的爱国精神;2. 勇攀高峰、敢为人先的创新精神;3. 追求真理、严谨治学的求实精神;4. 淡泊名利、潜心研究的奉献精神;5. 集智攻关、团结协作的协同精神;6. 甘为人梯、奖掖后学的育人精神。

当然,尽管官方对科学家精神已有标准界定,但作为学者,作为研究者,也还是可以对科学家精神给出自己的诠释的。而你又提出"工匠精神"或"工程师精神",这应该是对应于狭义的科学定义并相应与科学家精神相联系,同时对应技术与工程的概念并将之与"工匠精神"或"工程师精神"相联系。这种更为细致的分类自然也有其好处,不过如果采用广义的科学概念(也即将技术与工程都包括进去),那么笼统地采用"科学家精神"的说法也不是不可以。总之这只是一个定义问题。

□ 看来"科学家精神"确实比大而化之的"科学精神"更为具体。让我们再回到这本书上来。在本书所论及的各种社团中,当然基础科学和实用技术都存在。前者如中国天文学会(1922年成立,今年正逢百岁),后者如数种工程师学会。在本书第二章给出的"1914—1936年成立的主要科技社团"表中,这两种情形都有。不过我相信在当时,很多社团的发起者和活动成员未必会注意到这两者的区分,尽管在实际活动时,这两者的区别其实有着非常明显的作用和后果。

关于"科学精神"和"科学家精神",以及"工匠精神"和"工程师精神",这四者的关系确实是一个尚待进一步厘清的问题。我的总体感觉是,"科学精神"和"工匠精神"都明显需要充实。而且这两种精神的论述,并不像我们通常想象的那么简单。

你前面说"在书里讲到后面的部分,这个问题也就不再存在了",确实是一个准确而富有技巧的表达。从新中国建立之后,国内科技社团就处在中国共产党的有力领导和管理之下。而且早在延安时期,这样的领导和管理事实上就已经出现了。从这个意义上说,在本书涵盖的时间轴上的绝大部分区间,中国共产党和中国科技社团的关系,就是事实存在着的直接关系,并不需要再进行逻辑建构。

■ 你谈到"工匠精神"与"精益求精"的关系,其实意味着我们对于"工匠精神"的定义和理解。在你的说法的启发下,我上网查了一下,发现与科学家精神有所不同,似乎还没有一个标准化的对于

"工匠精神"的定义。也许对于究竟何为"工匠精神",以及究竟何为值得倡导和发扬的"工匠精神",还真是一个值得深入研究的问题。在这方面,或许对于技术哲学的一些研究成果的借鉴还是非常必要的。随之而来的问题就是,在历史上你所说的应用技术型的社团与"工匠精神"的关系,也就又有了某些不确定性。

此书的另一个关键词是科技社团。我们可以从科学史中得知,科技社团对于科学的发展是有着重要影响的。但科技社团与执政党的密切联系,这应该是一种中国特色吧。如果要对这种中国特色深入发掘,恐怕需要在与国外情况的对比中才能更好地有所阐明。当然我们不可能要求作者在一本书中做得面面俱到,但这也许真是将来一个可能的研究方向。

□ 你的这个看法我非常赞同。说到这里,就难免要说几句本书的白璧微瑕——或者是我的吹毛求疵了。

例如,在本书第269—274页,给出了截至2011年中国科协所属的181个全国学会的一览表,这当然是很有用的,但既然是讨论"科技社团",而且这个表中所列的学会包括了中国档案学会、中国工艺美术学会、中国流行色学会等,那就没有理由不考虑非中国科协所属的全国学会中,也有比上述学会更"科技"的学会,比如民政部所属成立于1994年的中国性学会——我碰巧是这个学会的发起人之一。

这可能是作者收集材料时考虑疏忽了,确实只是白璧微瑕,但本书如果有机会再版,可以针对上述问题修订补充,争取白璧无瑕不是更好吗?

■ 其实任何著作都总会有一些可以改进的地方,你所举的例子当然也是合理的。但任何著作又都可以通过某种限制来使自己的讨论在逻辑上更严密,如果此书的书名中加上"中国科协旗下"的限制,恐怕就不存在你讲的这一微瑕了吧。

最后我再谈一下此书的一个优点:由于作者工作便利的关系,书中选用了来自原始档案中的许多珍贵历史图片,许多图片是以前未曾公开发表的。无论是对于专业研究者还是公众来说,这些图片本身都具有着重要的历史价值,这也是同类著作中所不多见的。

《中国共产党与科技社团的百年》,王国强著,北京科学技术出版社,2022年4月第1版,定价:198元。

原载 2022 年 12 月 21 日《中华读书报》
南腔北调(195)

一场悲观的人类学漫谈

□　江晓原　　■　刘　兵

□　前些时候我接触了一本类型有点奇特的书,王大可的《它们的性》,通过考察和描述动物的性行为来观照人类自身的性和婚姻,那真是一本妙书,可惜我们这次不能来谈它。这次我们要谈的是戴蒙德的人类学著作《第三种黑猩猩——人类的身世与未来》,篇幅和叙事都更为宏大。这种类型的书其实国内引进过不少,但我们20年的对谈中好像很少触及,尽管戴蒙德的其他著作我们倒是谈过。

这是戴蒙德出版的第一本书,分五部分来讨论人类这个物种进化发展的历史。第一部分强调人类和黑猩猩的极为亲近的亲缘关系,第二部分讨论人类的性选择,第三部分论述人类如何进化成为万物之灵,第四部分讨论人类如何征服世界,最后,第五部分展望人类这个物种在地球上的前景。

人类学中的一些重要结论,也许基本上已经形成了某种"主流"

的意见——但我相信多半没有像物理学那样明确,因为这类非精密科学很容易存在各种意见的分歧。而每个人类学家在阐述自己的见解时,也更容易保留带有个人色彩的成分。

比如戴蒙德在绪论中认为,人类这个物种有三个"阴暗特征":吸毒、仇杀外族、破坏环境。特别最后这个阴暗特征,戴蒙德强调,人类并不是像很多人想当然认为的那样,是进入工业化社会以后才开始破坏环境的,而是长期以来一直在那样干。他说的人类这三个阴暗特征,我觉得很有意思,不知会不会引起你讨论的兴趣。

■　你说的这三个"阴暗特征",我确实有兴趣讨论。不过,一开始,我还是先想谈谈给此书的定位。你说《第三种黑猩猩——人类的身世与未来》是戴蒙德的人类学著作,又限定为是一种适度悲观的人类学。在我可能不是很准确的理解中,人类学分为体质人类学和文化人类学(或称社会人类学)。前者,确实有些方面是与戴蒙德在书中讨论的问题有一定的相关性,但戴蒙德的讨论和分析,我觉得更多的是在借用社会生物学的类比。而后者,虽然也与戴蒙德在书的后面涉及与人类相关的文化问题的讨论有关系(就像你突出地关注的三个"阴暗特征"),而且他也用了不少他自己在新几内亚岛的经历,但戴蒙德的研究方法似乎也不是标准的文化人类学的方法。

我个人认为,要给此书一个明确的学科定位可能很难,我觉得此书夹杂着像进化生物学、社会生物学、分子生物学(如其中特别关注的基因问题)等学科的内容,试图面向普通读者讨论人类的演化这样一个宏大的主题,虽然也涉及文化,但在基调上,仍然还是非常"科学化"的,真正人文的立场其实还是比较弱的。

但这种学科定位的困难,又可以是某种跨学科的普及性著作的优势,可以显示出个人的风格和特色,更是可以在宏大的主题下信马由缰地选择讨论各种作者认为重要或有趣的问题。你讲的三个"阴暗特征"也应该是属于此类,毕竟不是所有以正统学术方式讨论人类演化的研究都会突出地聚焦于此。这种特色,与其说是人类学家的个人特色,倒不如说是普及读物作者的个人特色。

先从"吸毒"说起。这应该是与所谓的对"成瘾"问题的研究密切相关。我也曾听人以有些玩笑式的方式讲到,说这是独特地属于人类的生活活动。不过,这种有意识地享用毒品的人类活动,又确实是极为复杂的问题,甚至争议极大,包括像如何定义毒品,如何将毒品与可被接受的其他成瘾物质区分开等。至少,对于人类吸毒这一"阴暗特征"产生的原因,我没有觉得戴蒙德在他讨论的语境中给出了比较令人满意的答案。除了某种地理决定论的说法之外,他在书中对其他问题似乎也都没有特别明确的答案。而这是不是与他那种更为"科学"的背景和追求形成了某种反差和矛盾呢?

□　确实,这是一部通俗著作,跨界色彩使它很难被明确归类于"体质人类学"或"文化人类学",但基本上还是在谈论和人类学有关的话题。

但是,关于人类的吸毒这一"阴暗特征",戴蒙德的论述不能让我满意。

首先,吸毒可能并非人类所独有的行为。例如我曾在植物学家的著作中读到,他家里养的猫每天都要去嗅他种植的猫薄荷(荆芥,*Nepeta cataria*),然后满地打滚,这完全可以解释为猫对兴奋剂(很可能是性兴奋剂)的上瘾,和人类的吸毒上瘾一样。

其次,戴蒙德将人类的吸毒和动物雄性的不利于生存的羽饰、鸣叫、舞蹈等联系起来,认为雄性通过这种类似"自残"的行为,向雌性发出"看我多健康""我多经得起折腾"这样的信号,意在吸引更多的异性来和自己交配。这种说法也很成问题。

在我有限的文化人类学知识中,吸毒最初是和祭祀联系在一起的,迷幻药(毒品)的功能是让祭司在祭祀活动中展现(甚至获得)某些超能力。而男性用来吸引女性爱慕的,或是直接夸耀性能力,或是向女性展示勇武(比如中国先秦时代的"万舞")。

戴蒙德为证成其说而举的他在印度尼西亚见到当地人喝煤油的故事,也完全可以纳入上述解释(自残可以视为勇武的表现之一)。况且在那个故事中,喝煤油并不会上瘾,因此用这个故事来佐证吸毒明显是有问题的。

而在本书"为什么麻醉自己:烟、酒与毒品"这一章的结尾,戴蒙德似乎又否定了自己前面的论述,认为在现代社会,吸毒已经不再具有类似雄孔雀的羽毛之类吸引异性的"潜在的利益"(其实也不一定),而人们仍然继续吸毒,是因为上瘾。这一章就此戛然而止,给我的印象是,戴蒙德自己对这个问题就没有明确的答案。

■ 如果把此书定位为"基本上是在谈论和人类学有关的话题的通俗著作",我觉得就比较合适了,尽管对于作者谈论的方式和问题,我们可以展开进行分析讨论。

对于前面有关"吸毒"的问题,我也同意你的看法。其实,不仅是"吸毒"的问题,另外两个你提到的人类这个物种的 "阴暗特征",即"仇杀外族"和"破坏环境",情况基本也是如此。当然,如果不过分追究作者是否给出了合理的最终答案的话,对于这些问题的揭示过程和某些分析,那也还是有意义的。

　　我觉得,此书的一个突出特点和其优点,就是在于作者提出了许多一般人们不会以为是问题的问题,以那种就像我们经常会归为儿童在未经充分规训之前会无顾忌地提出许多看似天真却实际上又很深刻的问题方式,并试图给出答案。就提出那些问题让人们去思考,这点非常好,但在给出答案方面,就有许多值得警惕和注意的地方。

　　首先,是作者潜在地(也就是说并非明确地表达了但又很有这种引导性地)预设了对涉及人类演化的每个重要问题,都会有一个"正确"的答案。

　　其次,是作者在分析讨论这些重要问题时,虽然使用了大量的材料进行"佐证",但这些佐证材料的有效性其实是很有限的,例如,将以动物为研究对象的社会生物学研究结果用来佐证人类的行为,就很有争议。而且,在谈论更多涉及人类演化的文化问题时,又没有使用规范的人文研究的方法,当然这与作者的自然科学家身份背景很有关系。在这当中,也许"环境地理决定论"的观点是很明确的——尽管这种立场也是一直在学界很有争议的。

　　再次,人类的演化,显然离不开自然和人文两个方面,而人文的研究,就比较主流的看法来说,是并不试图对涉及文化的重要问题一劳永逸地给出终极答案的,只是在提出、补充可能的新看法或新答案的努力中。

　　也许,正是这几方面的原因,造成了此书讨论中的特色,同样也是可以争议的问题。

　　□ 既然是"谈论"嘛,当然并不一定要求作者给出明确的答案——事实上很多问题本来就没有这样的答案。

　　在本书的第五部分,戴蒙德提出一个观点,说我们普遍认为"过去有过一个黄金时代"的认知是错误的。在那个黄金时代,人类和大自然和谐相处,爱护环境,敬畏自然。而戴蒙德列举了一些证据,比如新西兰的毛利人、去到复活节岛的波利尼西亚人等,表明初民们早就习惯于破坏环境,特别是当他们移居到一个新环境时。

而对于地球的生态前景,戴蒙德基本上持悲观态度。原因当然和人类自古以来破坏环境的秉性有关,现代化又让人类的这种能力变得极为巨大。他描述说,人类已经,并且正在让许许多多生物灭绝。现存的3000万种生物,一半会在下个世纪灭亡。按照现有的生物灭绝速度,地球上每年有15万种生物灭绝,每小时有17种灭绝。

在戴蒙德看来,地球环境的毁灭有两种途径:一是核大战之后的核灾难,二是人类持续的环境破坏。前者不一定会发生,后者却是"现在进行时"——自古以来一直在发生,而现代则极大的加速进行了(例如,人类活动导致的物种灭绝速度,是自然界自发的物种灭绝速度的约200倍)。

那么人类是不是注定要万劫不复了呢?照戴蒙德的上述论证,基本上就是的。然而这样的结论毕竟有政治不正确之嫌,也不讨人喜欢,所以戴蒙德无论如何不得不给读者留下一丝希望:那就是本书的跋语部分。可惜的是,在标题"前事不忘,后事之师"的跋语中,戴蒙德只是重复了一些环保人士说过无数遍的老生常谈,并未能提供什么灵丹妙药。

■ 这一点恰恰也是麻烦所在之处。其实,戴蒙德所说的两种地球毁灭的方式,或者更准确地说是人类的毁灭方式,我觉得其实都是存在可能的。以这样两种方式毁灭,人类的前景也确实很悲观,戴蒙德除了像你所说的只能重复提出一些老生常谈之外,没有提供灵丹妙药这也很正常。而现在有人把希望寄托在依靠新科技的外星移民上,那更不是什么有效的解决途径。至于这种前景是否也是像戴蒙德在书中不断提及的人类基因的命定,或者归于某些人文立场的人所说的人类的"天性",或许纠结原因也不是最重要的。重要的是人类可以怎么做,或者说,作为人类的每一个个体"第三种黑猩猩"可能怎样做。

对于未来的判断,当然有不确定性。按照不同的信念,以及不同的立场,就可以有不同的选择。也恰恰由于"第三种黑猩猩"的特殊性,即人类有意识,有文化,有社会结构和不同的社会制度,以及相应地有各种利益,就很难做到所有的人都做出一致的选择。在这种意义上,人类悲观的未来,又恰恰是其自身的特殊性所决定的。

当然,每一个"第三种黑猩猩"的个体,也还是可以按其特有的伦理立场做出个体的选择。但这种对每个个体有意义的伦理立场,却是戴蒙德在书中经常涉及而又没有真正说清楚的问题之一。所以读了戴蒙德的书,也还是没有能让我有一个摆脱悲观的理由。

《第三种黑猩猩——人类的身世与未来》,(美)贾雷德·戴蒙德著,王道还译,中信出版集团,2022年6月第1版,定价:98元。

原载 2023 年 6 月 7 日《中华读书报》
南腔北调(198)

从"左图右史"到"有图有真相"

□　江晓原　　■　刘　兵

　　□　以前我一直有一个印象:中国古代反映科技成就的图像资料很少,特别是能够唤起审美冲动的那种图像资料就更少。虽然我在读书时若有所见,也注意收集一些,但每逢出版社要求为与中国科技史有关的书提供图像资料,我还是不得不向他们解释,中国古代这方面资料很少,不像在西方美术作品中寻求西方科技史图像资料那么方便。

　　中国古代本有"左图右史"的传统,"图"与"史"能够并列,但后来由文字构成的"史"极为发达,而古代中国人在选择"图"的对象方面似乎颇多约束(这是一个很玄的问题,不在本文讨论范畴),最终形成了"图衰史盛"的局面。这个局面看上去是可以和上面那个印象相容的。

　　正因为那个印象作祟,初看这本《中国科技绘图史——从远古时期到十九世纪》的中文书名差点误导了我,以为是一本关于中国古代科技史的图文书。一开始我披阅此书,见到书中大量关于中国古代科技的图像资料,有些是我以前未曾见过的,有些虽曾寓目,却从未见被处理得如此美轮美奂——这些处理手法包括裁割、放大、修图等,美术编辑肯定在此书的版面设计上花了很多功夫。当时还为作者葛平德(Peter J. Golas)居然收集了那么多关于中国古代科技的图像资料而稍感惊异,看来以前的那个印象应该改一改了。

后来看了书中内容,并注意到原文书名,才知道作者通过这本书是想告诉读者,中国古代是如何通过绘画来反映技术的。本书确实成功地改变了我们先前认为中国古代缺少科技图像资料的认知,但更重要的是:他是通过什么途径做到这一点的?他的做法对我们有什么启发意义?这些问题可能更值得我们思考。

■ 你敏感地注意到了对中国科技史从绘图的角度进行研究的新意。这确实是中国科技史研究的新途径。不过我觉得倒也不宜过于夸大现在我们所谈的这本书的开创性,尽管它对于国内的中国科学史研究者们还是很有启发性的。因为随着文化研究领域中视觉文化研究的兴起,在广义的STS研究领域,以科技为对象的视觉文化研究也已经热起来有些年头了。这样的研究在科学传播等领域,也都因其新的视角、新的解释策略而引人注目。

当然,这样的研究也自然就影响到了科技史学科。好多年前,白馥兰等人就曾在这方面进行了大量有趣的研究,而且还编了一本颇有影响的书:《中国技术知识生产中的图形和文本——经线和纬线》。你是否还记得,当年我在上海交通大学指导的博士生宋金榜,他的博士论文就是研究科学史中的视觉研究进路的。

其实,在人文研究各领域广泛交叉的背景下,STS的研究对象一直在扩展,从文字(文本)到图像就是其中之一。类似地,后来还有对声音的研究等。在研究对象的这种扩展中,一个很重要的特点,就是随着视角的变化,相应的研究方法、分析解释概念框架等也有新的发展。以对图像的视觉文化研究为例,其中解释学的方法就被比较普遍地利用。当研究者有了这样的新视角和新的解释策略之后,自然也就会发现许多以前不曾被注意到的新东西,这就不仅仅是对中国古代从原先的"左图右史"传统,到后来的"图衰史盛"在内容上的恢复和纠正问题了。

□ 本书在拓展中国科技史图像资料方面做了不少努力,甚至还在理论上有所思考。例如作者提出了这样一种观点:

无论如何界定"从业者"这一术语,现存的由技术"从业者"绘制的中国插图都寥寥无几……在中国,很大一部分的技术性图绘并不以传达技术信息为目的,或者说不以传达技术信息为主要目的。

这样的想法还是相当具有启发性的。首先这有助于我们拓展寻找中国古代科技图像资料的视野,因为先前我们习惯于在(被我们认为是)"以传达技术信息为目的"的图像资料比较集中的著作中寻找,而这样的著作不外乎《新仪象法要》《天工开物》《灵台仪象志》等有限的几部而已。如果我们认识到,在"不以传达技术信息为主要目的"的作品中,同样可以找到有关中国古代科技的图像资料(不管绘制者的目的是什么),那我们的研究对象就可以得到很大的拓展。

其次,这个想法是有一定深度的,因为他注意到了"从业者"的界定问题,而这个问题之前很可能是被许多研究者忽略的。例如,《天工开物》的作者宋应星能不能算书中所记载的各种工艺的"从业者"呢? 显然是不能算的。而《灵台仪象志》中的大量工艺插图,虽然有不少是从欧洲的有关著作中移植过来的,但考虑到南怀仁作为那六台大型天文仪器的"总设计师"和铸造工程的"总工程师"的身份,认为《灵台仪象志》中的各种插图是出于"从业者"之手,则至少是有一定道理的。

■ 你这里所说的从业者的概念,确实是很值得深入探讨的。不过,因为对"图"类文献的视觉文化研究已经存在有些年了,在西方科学史中也应用得较多,那么,对比中西,是否会更能发现一些具有启发性的特殊问题呢?

例如,此书中提到,传统农耕画中所描绘的技术往往只是作为副产品,但"如果大多数观者对主题都有一定的了解,那么使插图准确并包含所有重要的细节就变得不那很重要了……观者只要凭借自己的想象力,甚至只是出于本能,就可以做出必要的修正,或者填补缺失的部分"。

就此,是否还可以更进一步延伸? 中国传统的技术传承方式,是那种师徒之间的"口传心授",这与西方后来流行的那种将一切细节都以图文记录下来的方式,本质上就有着巨大的区别。但问题是,中国传统的技术传承方式的效果究竟如何? 是否也以这种独特的方式保证了技术的延续,甚至更好地保留了那些细节记录不能充分反映的、更有具身性意味的知识和技能呢?

此书作者在结语部分,又专门讨论了中国古代"科技图绘中的非技术性目的",其中有句话说的非常精辟:"在考虑中国前现代时期的科技图绘时,要摒弃的最重要的假设之一是:这些图绘主要是对我们所认定的'技术性'的需求或关注点做出回应。"实际上,这已经是一种对科技史领域的图像研究采取多元标准的思维了。那种认为中外一切科技图绘都是为了满足同类需要的想法,就像要求中外都只能一种类型的科技一样,在历史的考察中,显然是过于简单化了。

□ 　你的问题非常好,例如"是否还可以更进一步延伸"的那个问题,中国和西方不同传承风格的效果,我恰好知道一个相关的例子。

本书第二章讨论"比例图与透视法"的那一节中,提到了中国佛教的大型壁画——作者主要是引用胡素馨(Sarah Frase)的成果。作者认为,这些大型壁画在绘制之前,应该有比例图或缩小尺寸的草图,"然而,我们在现存资料(必须承认,现存资料极为有限)中并没有发现有服务于这一目的的比例图实例……这一时期的佛像都体量庞大,那么在制作过程中应该用到了比例图,然而,这方面的现存实例也没有,甚至连表明使用了比例图的参考文献也没有。"于是作者和胡素馨就将一个未解之谜留给了读者。

其实,比例图的想法,纯粹是作者从西方绘画的实践中得到的,但是作者和胡素馨可能完全没有注意到,从中亚传入中土的佛像绘制/塑造传统工艺中,另有一套奇妙的方法,根本不需要西方人想象中的比例图。这套方法是这样的:通过一系列具有固定比例的几何图形,包括直线、圆、垂直中分线、对角线等,就固定了一个佛像的所有要素,匠人只需据此绘制/塑造即可。由于固定的只是比例,所以无论需要多大尺度的佛像,都只要按照同样的要素制作即可。

我们也完全可以将这套由几何图形构成的佛像要素系统,视为一种"万能比例图",它显然比本书作者所设想的比例图更为先进,更为好用,也更容易传承。我想,对于你上面"是否也以这种独特的方式保证了技术的延续,甚至更好地保留了那些细节记录不能充分反映的、更有具身性意味的知识和技能"的问题,这个关于佛像制作的案例,至少能够在一定程度上给出一种相当出人意表的回答。

■ 由此来看,当科学史的研究者发现了一个新的视角,一种新的研究对象,以一套新的思路去研究时,显然是可以得出诸多很有新意的发现。对图像的视觉文化研究,显然就属于此类。

在此书中,对不同时代的"耕织图"有不少讨论。不过作者是把不同类型、不同目的的图绘放到一起来说,并且就像前面我们分析的,经常是以西方视角来说的。耕织图,就其本来的目标,就是传播秉承皇帝意志的"劝农"观念,应该并不是为了记录保存对农业生产技术细节,如果对于这样的图绘去讨论其对技术细节的描绘是否准确,那不是一种在讨论对象分类上的混淆吗?

这是不是也可以构成一种提示,即在研究中有了一种新的视角和对象时,依然需要警惕某种潜在的先入之见和预设,当我们只把涉及技术的绘图以对技术细节的记录和描述当作关注的目标时,就可能会把本来不同类型,并不以记录传承技术为导向的绘图也用来分析其是否符合西方某类技术性绘图的标准。

这似乎也适用于分析西方绘画。当我们在一些画作中看到某些科学仪器时,当然可以用以分析相关的科学文化影响等,但并非一定就要分析绘画中的技术细节是否准确吧?

□ 关于绘画的目的是不是传递技术信息,本书作者也提到过,认为需要注意区分,这和你的想法应该是一致的。

不过我在本书中发现一个问题,不知是作者掌握资料不全面,还是现有研究成果本身的局限——本书主要基于西文的研究成果来展开论述,极少使用论述中国古代科技绘图的当代中文成果。呈现这一现象的原因,既可能是因为作者无力广泛阅读中文研究成果,也可能是因为这样的成果本身确实非常稀少。这可能与国内的科技史研究学者还没有对中国古代科技绘图投注较多的注意力有关。

■ 你的判断是正确的。或许,这与我们长期以来坚持的史学传统有关,也与对于视觉文化等相关研究新发展的关注不够有关。这再次提示我们科学编史学的重要意义——并非仅对科学编史学的纯理论研究,还包括科学编史学的观念意识,即对学术界各领域的新进展及其在科学史研究中的应用的一种敏感。

或许再过许多年,当那时的历史学家再回望如今人们过于相信"有图有真相"的读图时代,同样从图的角度,又会有不少更不一样的历史发现和结论吧。

《中国科技绘图史——从远古时期到十九世纪》,(美)葛平德著,李丽等译,广西科学技术出版社,2023年1月第1版,定价:198元。

原载2023年8月9日《中华读书报》

南腔北调(199)

讲好中国制造的故事

□　江晓原　　■　刘　兵

　　□　以前中国的丝绸、瓷器、茶叶等都曾畅销世界各国,这些可以被视为古代世界的"中国制造"。如今中国成为世界工厂,中国制造已经呈现出更大程度的席卷全球之势。我们一面享受着物美价廉的中国产品,一面赚取着数量惊人的外贸顺差,在这种情况下,"讲好中国制造的故事"这样一件事情就必然、也必须提到议事日程上来了。

　　当年"英国制造""美国制造""德国制造""日本制造"……接踵占据着我们各行各业的显著位置时,他们都讲过大量虚虚实实的故事,这些故事有的还进入了科学技术史的历史叙事中。现在中国制造如日中天,我们当然不能、也不屑讲虚假的故事。但这个曾经源远流长、沉沦谷底、艰难复兴、创造辉煌的故事,真要讲好,也不容易。

　　这本《中国制造——民族复兴的澎湃力量》是在新形势下讲述中国制造故事的一个成功尝试。首先是本书的叙事颇有可取,不仅流畅明快,而且言简意赅。例如在叙述当时中国制造业如何沉沦谷底一穷二白时,选择了1929年上海《生活周刊》上一篇题为"十问未来之中国"的文章,其中有三问都和中国制造直接有关,但这位作者问的只是中国什么时候可以造出水笔、灯罩、枪炮、舰船等物,什么时候可以"参与寰宇诸强国之角逐",不仅清楚体现了中国当时制造业的落后,而且当读者环顾今日中国,看到那"十问"已全部以远超作者想象的方式实现了,自然会对中国制造史诗般的"逆袭"过程产生期待。

　　■　作为一本"主题出版"物,此书选择"中国制造"这个话题,从正面系统地总结了百年来的成就,确实是"在新形势下讲述中国制造故事的一个相当不错的尝试"。

　　不过,中国制造这个概念可以像此书设定的这样的框架中展开讨论,也可以在有些不同的框架中进行讨论。例如,你专门提到了"物美价廉",这显然与在特定发展阶段国内人工等成本低的"优势"有密切关系。但也会在未来的发展中遇到挑战——未来这种低人工成本我们能够保持到什么时候? 到那时,我们更应该注意发挥的优势又应该是什么?

　　从历史的角度看,也是很有意思的。后来——这也是此书的主体部分——在各个领域中国制造确实有了近百年前难以想象的巨大发展。如今,人们再谈及"中国制造",已经是在不同的语境和不同的意义上来理解这个概念了。但如果详细一点进行分析,我觉得,一个突出值得关心的是,"中国制造"这个概念中,"中国"这个限定词加上之后,究竟给一般性的谈"制造"赋予了什么特定的含义? 或者说,让"中国制造"有别于"非中国制造"的突出特色究竟又是什么呢?

□ 看来某些关于"中国制造"的传统误解还在影响着你。例如,你上面所说的"低人工成本",其实并不是"物美价廉"的必要条件。现在中国的人工成本也在持续升高,但能够让中国制造"物美价廉"有着更为重要的原因:一是技术创新导致成本直接下降;二是巨大的国内统一市场提供的规模优势所导致的成本下降——依托这一市场,"中国制造"就是可以低价销售却仍有可观利润,从而得以在国际市场上击败对手,获得越来越大的市场份额。这一点也可以理解为"中国制造"的特色之一。

要说"中国制造"的特色,给我印象深刻的有这样两点:

一是在改革开放之前的30年间,中国做成了这样一件事情:"建立了较为完整的制造业体系,具备了生产各类工业产品和消费产品的能力,并优先发展重工业,奠定了扎实的军工制造业基础。"要做成这件事情非常困难,二战后从列强殖民地独立的新兴国家中,没有一个做成了这件事。因为要白手起家建立完整的制造业体系,首先需要巨额资金,靠借债又难免受制于人,而中国靠独立自主自力更生,咬紧牙关用工农业剪刀差等方法解决了这一问题。其次是容易受到优先搞轻工业的诱惑(见效快,来钱快,但缺乏后劲),而中国成功抵制住了这样的诱惑,坚持了优先发展重工业的正确方向。

二是中国今天的制造业,已经没有别的国家能够学习、模仿、挑战了。首先是当年中国人民为了建立制造业体系,咬紧牙关所忍受的艰难困苦,几乎没有别国能够重复,因为这需要极其坚强的领导力和执行力。其次,也是更重要的,由于中国制造业的体量、质量、得天独厚的条件(比如巨大国内统一市场的支撑),中国已经在越来越多的行业中占据了全球50%以上的份额(有些甚至已经达到90%),这种局面无疑将使得未来的任何挑战者(如果还能够出现的话)感到绝望。

■ 你的分析,显然有你的思考和你的道理。但我总是认为先将概念尽量定义清楚,会让讨论避免不必要的分歧。

当人们使用"中国制造"这个概论时,确实在不同的语境下有不同的所指,比如你说某些关于"中国制造"的传统误解还在影响着我,那不也隐含着"传统误解"中的某种理解的存在吗? 当然,从你对中国制造之特点的总结中可以看出,你是有着你对"中国制造"的界定的,只不过,这种界定只靠说特色还似乎不够严格。因为在面对一个可以有着多种理解的概念时,人们讲特色就可能仅涉及其中的某一种理解。

中国制造业应该说是"中国制造"的基础。在不同的历史阶段,中国制造业的发展和形态,也是各有不同的,这也是一种探讨的思路。进而,如果类比科学史,那么,其"内史"与"外史"的关系又是怎样? 至少,其联系肯定要比科学的"内史"和"外史"要强得多。这样,国际国内不同时期的不同环境,显然也带给"中国制造"以不同的特色。

你前面总结的特色,也自有你的逻辑思路。但除了那些无可置疑的成就之外,相应的代价是什么? 在新形势下,中国制造又面临着什么样的新挑战呢?

□ 关于概念定义,你也不必过于执念。毕竟在非常多的场合,人们在没有给出特别定义的情况下使用概念,通常就意味着是在一般意义上使用这个概念。比如你在这次对谈中已经多次使用过"中国"这个概念,你也没有给出定义,我也不会要求你给出。那么同样的,对于"中国制造"这个概念来说,本书作者没有给出特别的定义,那就意味着是在通常的、一般的意义上使用这一概念,事实上这并没有什么问题。

至于中国成为世界工厂的代价问题,我们也应该重新认识。在西方盛行的过度环保的理念中,环境问题不仅被置于至高无上的地位,而且还经常被置于和发展对立的位置,仿佛追求发展就必然破坏环境。但实际上,许多关于工业导致环境破坏的展望,都只是出于推理和假想,或是因为法律及监管的缺位。而实际情况是,中国在成为世界工厂的过程中,环境并未出现万劫不复的恶化。相反,在因工业化而致富之后,对污染的治理就普遍跟上来了。今天在长三角地区,那些"富可敌国"的小城市,哪个不是绿水青山风景怡人?上海的苏州河早已流水清清,可以岸边垂钓了。

中国制造面临的挑战,主要来自在全球制造业版图中次第沦陷的西方旧日列强。因为对他们来说,和中国制造的斗争已成国运之战。所以即使游戏规则是他们自己制定的,现在也不惜自己破坏(美国表现得最为明显)。现在中国已经成为"全球化"的最大护法,因为在"全球化"的环境中,中国制造可以稳步前进。所以总的来说,对于中国制造面临的挑战,我持相当乐观的看法。

■ 你刚刚说到,有时,人们会将环保和发展置于对立的位置,极端地讲,这样当然不对,但环境问题毕竟还是和发展有一定的矛盾的。制造业的兴起和发展,与工业化的进程密切相关,而环境问题的工业化根源也是明确的事实。当然,利用科学技术的治理手段,可以在一定的程度上解决环境问题,但从我以前多年也参与环境保护工作获得的认识是,这远不是解决环境问题的最终极、最核心的办法,科学技术手段的应用,背后也还是离不开发展和经济等方面的制约。

你对中国制造的稳步前进持乐观的看法。在个人看法上的乐观与否是一个个人判断的问题,更关键的问题是在新的形势和环境下,可以拿出什么具体有效的策略和方法去应对"挑战",因为这里除了原有的环境与发展的矛盾之外,"挑战"又带来了新的影响因素。比如,我们是否能在与西方脱钩的前提下仍然保持制造业产品的足够市场? 我们可以以什么方式摆脱传统(或者说曾占很大比例的)制造业来料加工以及在这种生产方式中对西方技术的依赖? 我们如何可能发展可实现的技术和产业结构,真正改变中国制造在低端的"物美价廉"并向精密高端发展? 如此等等,都是需要真正有可行的手段来应对。

□ 我说"某些关于中国制造的传统误解还在影响着你",看来还真不是只在个别问题上如此。诸如环境代价问题、对西方市场和技术的依赖问题、"来料加工"问题等,都是20年前我们耳熟能详的故事,但如今中国制造早已不是昔日故事中的角色了。

首先,"脱钩断链"是美国那些对经济、政治和军事情报都一无所知的政客们臆想出来的,因为他们还沉浸在昔日"中国依赖美国"的幻觉中,而事实上中国对这种"脱钩断链"几乎无所谓——美国愿意承受痛苦去脱去断,悉听尊便。看看美国的大资本家们接踵来华,马斯克不停地要在中国开设新工厂,就知道谁更不愿意"脱钩断链"了。

其次是所谓的"来料加工",这现在主要是东南亚和南亚某些国家的工作,中国制造现在出口最大宗的是机电产品,而且在这些产品的生产上"西方吃肉中国喝汤"的局面早已扭转。关于这一点,我们只要看看中国近年骇人听闻的贸易顺差就知道了——中国巨额的贸易顺差正是特朗普对中国开打贸易战的直接起因,结果打了五年,中国的贸易顺差反而增加得更快了。其中,中国制造绝对立下了汗马功劳。

在今天的地球村,中国是真正意义上的世界工厂,全村人都知道中国造的东西好用,价钱还公道。谁成心要置气,偏不用中国造的东西,那就多花钱买差的用呗(很多时候还买不到别的了)。说实在的,我不认为如今还有谁能够对中国制造形成致命挑战。

■ 看来,这次的对谈表现出,在这个问题上我们确实还有些和而不同。在你界定的范围里,你讲的确实有你的逻辑和根据,而我所考虑的,确实也可能是另外一些问题。但不管怎么说,在无论从历史的发展还是从当前的形势来说,中国制造都是一个需要深入讨论的重大问题,因为这个问题毕竟又涉及对中国当下形势及未来发展的判断和展望。当然,这也是一个需要在获得较全面信息的前提下,结合多领域、多学科深入研究的重大问题。

《中国制造——民族复兴的澎湃力量》,曾纯著,人民邮电出版社,2022年10月第1版,定价:99元。

原载 2024 年 2 月 21 日《中华读书报》
南腔北调(202)

中文打字机:见证汉字
从濒临绝境走向星辰大海

□ 　江晓原　　■ 　刘　兵

　　□ 　我还见过中文打字机。1972 年我进入上海一家纺织厂当电工,不久后我担任了党委秘书,就需要和办公楼里的女打字员(参阅《中文打字机》一书第四章第 3 节)发生工作联系了。我第一回见到那个有几千个汉字的字盘,相当惊讶,我问打字员,你如何能从这么多字中找到你要的字呢? 她笑笑说:熟悉了就不难。

　　等我离开工厂上大学以后,反而不再和中文打字机发生关系了,下一次接触此事,就是林语堂研发中文打字机的故事了。1980 年代,我在研究生阶段学会了使用英文打字机,但是这项技能很快就投闲置散了——1990 年代我们进入个人电脑时代,写作再也不需要使用打字机了。30 年来我一直使用汉字的"自然码"输入法,至今未改。

　　从打字机到输入法,实际上是一次意义极为深远的革命。以前我也曾根据自己的感觉在某些场合表达过这样的想法,但我毕竟不是研究这一行的,所以一直没有对这个问题深入思考过。见到这本《中文打字机——一个世纪的汉字突围史》中译本,感觉非常兴奋,终于有正面深入讨论这一问题的中文著作了。

关于汉字和西方拼音文字相比的"劣势",其实早就存在(很长时间里这个劣势是真实的)。当古登堡的印刷机器发明之后,汉字似乎处于天然的劣势中,比如,西方的排字工人只需要认得几十个字母,哪怕一个文盲也能胜任;而中文的排字工人需要认识少则几千、多则一万以上的汉字,排字工人必须是一位知识分子,培训这个工人必须花好几年才行。至于个人使用的西文打字机,本来就是为拼音文字设计的,而这样的小型中文打字机,则长期处在无法想象的状态中。

■ 哈哈,我也见过中文打字机!而且可能接触比你还多一点。也是在1970年代,我在北京上中学,由于参加宣传队的活动,曾独占过学校里的一间办公室,那里就有一台标准的中文打字机。当时一个与我很熟的语文老师还曾教我使用,不过,学了一点点后,我就放弃了,一是确实操作有些复杂,二是也没有太迫切的应用。

我在读研究生期间,因需要与国外联系和索要资料,那时还没有网络,我自己也曾买了一台英文打字机,打印了不少外文信件寄出。这台英文打字机现在我还保存着。再后来,有了电脑之后,开始学五笔字型输入法(并使用至今),最先就是在电脑上写了一本科普书,熟悉了汉字输入,从此告别了机械打字。

由于这样的经历,看到现在这本关于中文打字机历史考察的书,也就会很感兴趣。不过虽然汉字输入法是这本书中很核心的内容,但此书所涉及的其他一些内容也同样让我印象深刻。例如,此书前面部分关于汉语研究的历史和相关争议的讨论,后面涉及打字机机械发明制造史的讨论,以及其中涉及打字机演化史中对打字机类型范式之认知固化等内容,甚至于从编史学角度来看这种历史研究的新意,不也都是这本书的重要价值之所在吗?这些内容对于技术史,甚至对于理解语言的本质,也都有着极大的重要性。

□ 确实如此。你说的这些内容,分布在本书的"引言:中文里没有字母"和前五章中。但是所有这些内容和知识,所有这些讨论,都可以视为本书"第六章:QWERTY已死!QWERTY万岁!"的前置知识。一条又一条的线索,最后都汇聚到了这一章,在前面各章的基础上,本书的核心内容才得以显现——"一个世纪的汉字突围史"。

汉字为什么需要"突围"呢?是谁在"围剿"汉字呢?大背景当然是1900年前后西方对中国的大举入侵,其中当然包括文化方面的入侵,这使得爱国志士们感到国家民族的危亡迫在眉睫。但救亡之道却并未明摆在桌面上,而是需要在无边黑暗中摸索寻求,这种摸索有时还是极为凶险的。汉字所面临的围剿,首先来自"汉字不灭,中国必亡"(鲁迅语)这样的激进主张,这种主张当时是陈独秀、钱玄同等许多文化名流所支持的。

幸运的是,这种过于激进同时也是目光短浅和丧失信念的主张,没有得到实施。如果废除汉字,实际上就等于在围剿面前投降或自杀,也就谈不到"突围"了。而研发中文打字机,则是坚持抵抗、寻求突围的努力。

在1990年代,我们不约而同地进入了个人电脑写作状态,那时我们都面临对烽烟四起层出不穷的汉字输入法的选择,结果你选择了五笔,我选择了自然码,而且我们都对当时的选择忠诚至今。本书中说,当年陈立夫曾发明一种"五笔检字法",但书中没说这和现在的五笔输入法有何渊源。而我使用的自然码输入法,竟与林语堂研发的"明快打字机"非常相似——两键完成一个汉字的输入指令,第三键完成在指令调出的一组汉字中的选择。

研发"前林语堂时代"的中文打字机,即需要巨大汉字字盘的打字机(我当年在工厂所见就是这种),当然是面对围剿时的抵抗,但这类中文打字机和西文打字机是同一思路,即"所打即所得"。在那种思路中,中文实际上被视为一种有10 000个以上字母的"拼音文字",而这当然无法抗衡只有26个字母的拼音文字,所以突围必须有革命性的观念——将"打字"换成"输入"。

■　你在这里所突出关注的是"突围",不过有些遗憾的是,更直接关系到在电脑上使用各种输入法之类的内容,按作者所说,应该是他下一本书的内容了,尽管你所说的林语堂研发的"明快打字机",突破性地选择仍使用QWERTY键盘,已经成为了这种突围关键性的一步。

不过,在阅读这本书时,我倒是对最前面作为背景的关于汉字的研究更有兴趣一些。因为这里以汉字为核心讨论的问题,涉及对人类语言文字方面一些更深刻的认识。除了那些以字母拼音来书写的文字之外,像汉字这样的文字,是否就真的在层级上属于等级较低的文字?它是否就一定具有非现代化的天然属性?书中谈到的鲁迅等人"汉字不灭,中国必亡"之类的激进主张,固然与当时中国的弱势,与当时在列强强势压迫下中国人救亡图存意识有关,但"围剿"汉字的是什么人?如果说是外国人,逻辑上是说得通的,但为什么那么多的国人也加入到要消灭汉字的行列呢?

我觉得,这或许是一个更复杂的文化问题,也从另一个侧面显示出像"现代化"这样的观念,是如何与科学和文化相结合地建构出来的。这与那些在特定的局势下,为了中国的民族存亡担忧的有识之士,提出科学是救亡图存的重要手段相类似,出发点无可厚非,但特定危急的形势也在某种程度上扭曲了人们对于文化的理解,以及导致对包括汉字在内的文化和传统的否定。

从书中的介绍可以看到,人类的语言文字似乎并不存在某种唯一高级的形式系统,而肯定是多元的。在现在的学术研究观念下,理解这点似乎要容易一些,但那种把一切文化(包括语言和传统)都看作有唯一一种最好的形式,那种一元论的思维,其实在今天也仍然是众多人的思维特征。相比之下,在这本书的主题之下,来自"输入法"的突围,似乎就只是一种权宜的技术性的"解围"方式了。

□ 事实上,我们前面已经对废除汉字的主张分别给出了自己的判断和解释。沿用本书作者在书名中的"突围"比喻,我认为废除汉字就是面对围剿时投降或自杀,是目光短浅而且丧失信念的行为,你则指出废除汉字这种激进观念来源于特定危急形势"扭曲了人们对于文化的理解"。

本书的叙事在"QWERTY已死! QWERTY万岁!"这一章中达到高潮。作者深刻指出了这一点:林语堂的"明快打字机",将西文打字机那种"所打即所得"的"打字",改变成为今天电脑时代的"输入"。正是这个改变,完成了汉字的突围——今天在赛博空间,所有对汉字的围剿都已经瓦解,汉字已经走上了康庄大道,我相信将来还会走向星辰大海。例如在本书徐冰序中所言:"这体现在如今拼音、联想、词块、五笔等丰富多样的输入手段中,使中文输入快捷于拼音文字的输入速度。"

　　本来,让全书结束于这一章,不仅符合阅读美学,而且正好为作者计划中的下一本书留下了非常自然的接口。但是不知为何,作者在这个高潮后来还安排了两章:"第七章:打字抵抗"和"结语:通往中文计算机历史与输入时代"。结语的标题看上去虽然顺理成章,但是这最后两章的实际内容,却又回到了"前林语堂时代"的中文打字机上。其实这些内容最好组合到前面各章中去(尽管相当讽刺的是,"前林语堂时代"的中文打字机实际上一直被使用到林语堂身后)。

　　■　关于你讲的这几段,我有些略为不同的想法。废除汉字的主张,你总结说,我认为这种激进观念来源于特定危急形势"扭曲了人们对于文化的理解",这固然也不错,但并非是我想说的全部,我觉得这只是其中的因素之一。而更深层的问题还在于,对于现代化和传统文化之关系的认识,在人类的语言文字这个特定的主题上,是否带有价值分级?是否有一种一元化的基础立场观念?其实在看待"西方科学技术"和"中国传统科学技术"、现代化和传统文化的关系上,许多人至今还有着同样的思维模式。

　　最后,这个"突围"因输入法概念的提出而实现,因而导致了你说的"所有对汉字的围剿都已经瓦解,汉字已经走上了康庄大道",以及你相信"将来还会走向星辰大海"。的确,在你讲的因输入速度的提升而带来的种种优势都是存在的,甚至于,在当下一些会议上还可以看到,那些专业速记员在使用某种我至今依然没有搞清的"输入法",与说话者语速同步地记录会议发言,给人的印象更深刻。

　　但所有这一切,带来的"副作用"还有什么呢?一是从操作的角度来说,任何现在这种输入法的使用,虽然能够满足人们一般的日常语言传达的需要,但还是都无法像传统的"写字"那样方便地使用超出"常用字"字库的限制,时日久之,对人们使用字词的方式还是会有很大的影响。一个典型的例子,就是经常在用冷僻字起了名字时,无论在报户口还是生活中都很不方便"输入"。其二,因技术的发展,这种"打字"(或后来"输入")的技术方式,与传统的"写"字那种身体操作方式相比,在给人们带来的对语言文字的感受上,实际上有着极大的差别。这种技术与文化的关系又是极为值得研究的。

好在作者还有计划中的下一本书,我们也许可以期待在他在那本书中,结合计算机的发展更直接地讨论现在我们使用的中文输入法,会有更多有趣的观点和启发吧。

《中文打字机——一个世纪的汉字突围史》,(美)墨磊宁著,张朋亮译,广西师范大学出版社,2023年1月第1版,定价:98元。

图书在版编目(CIP)数据

评论科学二十年 / 江晓原, 刘兵著. -- 上海: 上海科技教育出版社, 2024.10. -- ISBN 978-7-5428-8246-2

Ⅰ. N53

中国国家版本馆 CIP 数据核字第 2024LR6754 号

责任编辑　王怡昀
装帧设计　杨　静

PINGLUN KEXUE ERSHI NIAN

评论科学二十年

江晓原　刘　兵　著

出版发行　上海科技教育出版社有限公司
　　　　　　（上海市闵行区号景路159弄A座8楼　邮政编码201101）

网　　　址　www.sste.com　www.ewen.co
经　　　销　各地新华书店
印　　　刷　上海颛辉印刷厂有限公司
开　　　本　890×1240　1/32
印　　　张　9.25
版　　　次　2024年10月第1版
印　　　次　2024年10月第1次印刷
书　　　号　ISBN 978-7-5428-8246-2/N·1227
定　　　价　48.00元